ラムー船長から人類への警告

太陽系大異変と驚くべき人類の未来

久保田寛斎

たま出版

まえがき

今から数十年前、我々の太陽系の、ある惑星からこの地球に宇宙船で異星人が到着した。異星人と言うと皆さんは、スピルバーグの映画「未知との遭遇」に出てくる人間ばなれした宇宙人や、ロズウェルの円盤墜落事件以来有名になったグレイと呼ばれる、不気味な宇宙人を想像するかもしれない。

しかし、この異星人は人間と全くなんら変わりのない人物であった。彼の名前は、仮にラムー船長としよう。

このラムー船長は、ある地球人といくども接触をもち、地球人類へ警告を発するのである。このとき、彼は神の概念や宇宙の真相、光や時間に関する知識を与えたのである。

私はこのラムー船長の話から「時間」というものの実態を解明した。

これは今までの「時間」の考え方を根底から覆《くつがえ》すもので、アインシュタイン以降の物理科学の考え方に変更を迫るものである。

もっともわかってみればコロンブスの卵と同様に理屈としては簡単で、今まで考えられなかったことの方がむしろ謎である。

この分野の知識をなまじ持っている人よりも、何もない白紙状態の人の方がかえってすんなり理解できると思うが、ただ、頭の切り替えは必要だ。

人間は長い間の習慣や迷信からはなかなか脱却できないものである。だから理解しようという気持ちが持てない人にはわからないかもしれない。

ラムー船長はそれを、〝人類の大いなる誤りは、覆われた道に眼を固着しなければ歩いて行けないことだ〟と揶揄《やゆ》している。

また次のようにも述べている。

「人類は根本的に保守的であり、輝ける未来よりも帰らぬ過去の記憶の中に生きるのを好む。未来へ努力し用意するのではなく、未来を恐れる。自分を助けぬものに多大なエネルギーを使い、つまらぬことに貴重な時間を使う」

この言葉は人類社会全体に対して発せられたものであるし、私自身も深く反省させられるものであるが、今の物理科学界には特に当てはまるように感じるのである。

さて、この「時間」のメカニズムの解明によって、皆さんはアインシュタインの相対性理論やビッグバン理論が、いかに誤った理論であるかを知ることになるだろう。

また船長は人類文明が近い将来、全地球的規模で危機を迎えること、また、これがなぜ起こりうるのかの原因も明確に示唆している。

この辺りは、キリスト教の最後の審判や、その後に続く千年王国を予感させるものがある。

この聖書の神や天使が地球外人類であるということは広く知られていることであるが、そのあたりのことはザカリア・シッチン著の『人類創成の謎と宇宙の暗号』（学研刊）、『人類を創成した宇宙人』（徳間書店刊）や『神々の帰還』（エーリッヒ・フォン・デニケン著、廣済堂出版発行）、また古いところでは『やはりキリストは宇宙人だった』（レイモンド・ドレイク著、大陸書房刊）等を読んでもらえれば、良くわかると思う。またもう少しやわらかい内容になっている、先年、ベストセラーになった『神々の指紋』（ジェームス・ハンコック著、翔泳社刊）から入ってもいいだろう。

この『神々の指紋』は世界的に反響を呼んだが、これはエドガー・ケイシーが霊感によって得た古代文明の実態がもとにあり、それをハンコックが記者として世界中を渡り歩いて検証していったもので、アイデアとしては新しいものではない。

このエドガー・ケイシーによれば、エジプトのピラミッドや中南米の巨石建造物は、ともに大西洋に沈んだアトランティス大陸の人々によって造られたもので、いまから一万年以上も前のものであるという。

ケイシーは地球外人類については、ほとんど触れていないし、質問に答えて「地球外人類は存在しない」と否定しているが、アトランティス文明については面白いことを言っている。

彼らは、空を飛ぶことが出来、また同時に海中も航行できる乗り物を所有していたというし、ある種の反重力装置を持っていて、これでピラミッドや巨石建造物を造ったという。

反重力や、空中や海中も航行できる飛行物体といえば、我々にはＵＦＯぐらいしか思い浮かばない。

私が思うに、ケイシーの霊視のなかに出てくる宇宙人も人類も、外見が全く同じだったので、見分けがつかなかったのだろう。

イスラエルという国名は、中東でその昔、あるユダヤの若者が神と、とっくみあいのケンカをして負けなかったので、その相手の神から名付けてもらったもので、意味はそのものズバリ「神に負けなかった者」という意味に由来している。この神の容貌も地球人類と全くなんら変わりがなく、最初は神であることすらこの若者には気づかれなかったのだ。

昔、神や天使と考えられた人々は、実は地球外人類だったのである。第二次世界大戦以降、世界中で様々な人々が、宇宙人に会ったという話が聞かれるようになった。その体験に関する本も、数多く出版されている。スイスのマイヤー、アメリカのジョージ・アダムスキーやダニエル・フライらに関しては本も出版されているので、皆さんのなかには良く知っている人もいるだろう。他にもまだ多くいるかと思うが、日本にも宇宙人と会った、といって本を出している人物もいる。ただ、彼らの多くは観念的な話に終始し、仏教説話や禅問答のようにその意味をくみとることが非常に難しい場合が多々見られ、異星人のメッセージを正しく伝えているとは言い難い。

なかには、自分自身を「神から選ばれた人間」と勘違いをしている人がいるのは困りものだ。あるフランス人のように「自分はキリストの生まれ変わりだ」となると、もう、なにをかいわんやである。

このように、地球外人類と会ったと主張している人々のなかには、真摯な態度でそうしたことに向き合っている人々から、誇大妄想狂的な傾向のある人々まで様々で、その人格や信憑性に疑問を感じるケースも見られる。

最近、日本ではアダムスキーに関して否定する方々もいると聞くが、これなどは反異星人勢力の組織にうまく利用されている人々であると思う。

私はアダムスキーに関していえば、その話は真実であると思っている。彼は科学者でも天文学者でもなく、まして高等教育を受けたこともない。従って、そういった素養が一切なかったために、金星人や他の惑星人から得た知識を地球の科学者にもわかるように説明できなかったのだろう。

もしくは、彼はアメリカの政府上層部と頻繁に接触があったというから、その辺のところは口止めされていたのかもしれない。また野蛮で好戦的な人類には、とてもそのような高度な知識は危険で与えられなかったとも考えられる。

地球を取り巻くバンアレン帯などが実際に発見される以前にアダムスキーが言及していたという事実は、これを裏付けるひとつの証明になるだろう。

さて、このように様々なコンタクトのケースがあるわけであるが、なぜ私がラムー船長の話を、今どうしても伝えなければならないと感じたかというと、船長のメッセージには私が直観的に感じる真実があり、明確に、しかも緊急に二つのことを人類に警告しているからである。

一つは、核開発によってもたらされる危機であり、これはもう切羽詰まった段階に来ているということ。ここにこそ、地球外人類がなぜ第二次大戦以降に頻繁に地球人類と接触を試みるようになったかの理由がある。

もう一つは、二十一世紀のごく近いうちに来るであろう、太陽系惑星の全般的変位である。

我々日本人には、前の世界大戦での広島、長崎への原爆投下による数十万人の被害や、近いところでは東海村での原子力事故などによって、核に対する恐怖は十分に知らされている。

しかし、全地球的規模での影響までは理解されていないと思う。

太陽系全惑星の変位にいたっては、全く理解できないかもしれない。だが、ラムー船長によれば、危機は目の前まで迫っているのである。

さて、本書は大きく二つのパートに分かれている。前半は、ラムー船長による科学や宇宙に関する話、後半は、人類への警告と近い将来に起こる大変動および、それらに対応するノストラダムス、エドカー・ケイシー、聖書の予言等をまじえた解説と私の予見である。

両方ともに、今まで誰もが想像だにし得なかった、この我々が暮らしている宇宙の実像を明らかにしてくれることだろう。

この世界で、この宇宙で、何が真実で何が偽りなのか、我々は一刻も早く理解し、目を覚まさなければならない。

我々人類は、今まさに進化の大きな変わり目に生きているのだ。このときに我々はいったい何をなすべきなのか、どう生きるべきなのか、本書を読み進んでいただければ自ずと答えは見つかるはずだ。

ラムー船長から人類への警告●目次

地球外人類

先日、ディスカバリー・チャンネル（アメリカの教育テレビ放送が、日本のケーブル・テレビ放送で放映されている）で、ヨーロッパのアマチュア無線家が、スペースシャトルと、NASAの地上ステーションとが交信しているところを、偶然キャッチしたというニュースを放映していた。

会話の一部が公開されていたが、それは次のようなものだった。

「エイリアン・スペースクラフトが、こちらの方に近づいてくる」

NASAが異星人の存在を認識しているにもかかわらず、その事実をひた隠しにしていることは、今更私が言うまでもなく隠然たる事実である。そのことは、一部の皆さんにはご存じのことだと思う。

NASAは、もちろんアポロ計画で人間を月に送ったときから知っていたのである。このときに知ったというよりも、むしろ以前からわかっていたことを、ここで確実に認識したといった方が正確だろう。

アポロ計画の飛行士達は、巨大なUFOや巨大な月面基地を確認しているし、月面に降り立ったオルドリンやウォーデン、スコットやアーウィンといった人々はすでにそこに居た人々（地球外人類）と会っているのだ。このあたりのことはいろいろと本が出ているので、それらをあたってもらえば良くわかると思う。

宇宙飛行士の多くはＮＡＳＡを辞めたあと、宗教家や画家などになっているが、いずれにしても、それまでの経歴とは異なった分野に進んでいる。

なかには地球帰還後ＮＡＳＡを辞め、ヒッピーになった人物もいるそうであるが、当時の輝かしい経歴を思うと、これらは皆納得のいかないケースばかりである。

なかでも哀れなのはオルドリンで、彼は精神を病んで一時、精神病院に入院させられていたようで、その後もアルコール中毒になり、社会から離れてひっそりと暮らしているという。

このオルドリンの話は有名で、ビデオにもなった「第三の選択」にも出ていて、その中で彼は次のようなことを話している。

「やつらは、もうそこに居たんだ。俺たちが最初に月に行ったわけじゃあないんだ。俺たちは、まるでサーカスのピエロのようなものだった。俺たちは自転車に乗って月に行ったようなものさ」

当時の人々は、オルドリンのつぶやいた意味が理解できず、ただ不思議がったり、精神病院に入ってから頭がおかしくなったのだろうと哀れんだりした。

しかし、オルドリンは真実を語っていたのである。月にはすでに地球人以外の人間が、人類が月に到着する以前にいたのである。オルドリンは同じような人間が月にいることを見て、最初、秘密裏に地球から宇宙船を飛ばしてＮＡＳＡが基地を作っていたのだと思ったらしい。それなのに自分達が月面に降りてテレビで放送されたのは、一般市民を欺くためのバカバカしいショーだと感じたのだ。

そこにある異星人の桁はずれた科学力を目の当たりにして、当時の最先端を行くアポロ宇宙船も、さしずめ自転車同然に思えたのだろう。

彼は信仰心の厚いクリスチャンだったというから、目の当たりにした月面の現実と神への信仰心の狭間で、頭の整理がいつまでもつかなかったのだと思う。

さて、ここで皆さんに確認しておきたいことがある。ロズウェルの円盤墜落事件から有名になったグレイと呼ばれる、黒目で吊り上がった目をした小型の宇宙人だが、実はこれらは単にロボットであるということだ。

これらは生体ロボットともいうべきもので、アダムスキーが金星人や土星人にコンタクトしたときに、彼らとグレイが一緒にいたところを確認している。また日本でもお馴染みのシュメール文明の考古学者ザカリア・シッチン氏も、このグレイと呼ばれる宇宙人はロボットだとしている。

シュメールの古文書にも食物も水も必要としない人間が神とともに存在していたことを記しており、グレイとそっくりの土偶も出土している。

従って、映画に出てくるグレイ型宇宙人や怪物のような宇宙人、はたまた爬虫類型宇宙人などは宇宙人とはいえず、宇宙人の本当の姿とは我々人類となんら変わりのない他の惑星に住む人類なのである。

私が非常に閉口するのは、ＵＦＯ関係の出版物の中で偽情報に惑わされて、宇宙人を人間とは異なった生物であるかの如く吹聴しているものがあることである。

これによって一般の人々に、異星人に対して不要な猜疑心や恐怖心、敵対心を抱かせていることである。

中世のヨーロッパで、敵対する人々を魔女だ、悪魔に仕える者だなどといって、火あぶりにしたり、拷問を加えたりして虐殺したことは皆さんも良く知っているだろう。

人間は社会生活を営む動物であるから、集団心理が悪い方へ向かえばどうなるかは、ヒットラーに率いられたドイツがどういう状態であったかを見ればわかるはずである。

人間は暗示をかけられれば、実際に自分で見たものとは異なったものにいくらでも見えてしまうのである。

さてここで、土星人（土星自体は人間が住む環境にないので、その衛星のタイタン等に住む人々）に関してラムー船長から得た面白い情報があるので紹介しよう。

土星人は死なないというのだ。しかし彼の説明によると、死なないからといって幽体や霊体といった幽霊のような存在なわけではなく、我々人間と同じ実体をもっているそうである。

一昔前なら誰も信じなかったかもしれないが、今日では地球の科学もＤＮＡの解析によって老化のメカニズムが解明されつつあり、その話もまんざら嘘ではないかもしれないとは思えないだろうか。

たとえば、テロメアという遺伝子の両端にある結び目のような物質が、数年前に発見された。このテロメアは細胞分裂によってどんどん少なくなって行くのだが、人間も含めて地球上の動物は30回くらい分裂するとなくなってしまい、それ以上は細胞分裂が出来なくなる。細胞分裂が出来なくなると動物の寿命も尽きてしまうというわけである。

ところがテロメラーゼなる酵素を遺伝子に組み込めば、細胞分裂が何回起ころうともテロメアが失われず、理論上はいつまでも死なないということになる。これは、卵子の段階で酵素を組み込まないといけないそうである。

他にもたとえば、10歳ぐらいで80歳、90歳の人と同じように老化する病気があるが、これはある遺伝子の欠損によって引き起こされることが知られている。犬や猫などは15、16歳で寿命を迎えるが、ねずみの実験ではスーパーマウスを作って寿命を2倍3倍に延ばすことができている。

これらのことを考えると遺伝子によって寿命をコントロールできることがわかる。

従って現在解析が進んでいるＤＮＡの秘密が解き明かされれば、我々の寿命も５００歳、６０

0歳も夢ではなくなるだろう。

聖書によるとノアの箱舟で名高いノアや、その祖父のメトセラも900歳以上生きたそうだし、ラムー船長によれば地球人類の寿命も1000歳くらいまでなら十分に延びる可能性があるということだ。

ノア以前の時代、地球は今の金星と同じように厚い雲に覆われていて、有害な紫外線が降り注いでいなかったというし、大洪水が終わって初めて空に星が見られたともいう。

日本の大霊能者である出口王仁三郎《おにさぶろう》は、将来人間の寿命は木の寿命と同じになると述べている。

シュメール文明の発掘文書によれば、人間の王が国を治める以前の先王時代（ザカリア・シッチンによれば、この時代にニビルと呼ばれる太陽系第10惑星の住人が地球に飛来）の王名表では、42万数千年の間10人の王によって統治されたという記録がある。

シッチンによれば、この10人の王は名前こそ変わっているが、何回かダブッて統治しているという。従って実際に統治したのは4、5人の人物だったようである。

この太陽系第10惑星の軌道の形はちょうどハレー彗星のようで、違うところはその軌道が長大で、この惑星の一年は地球年の3600年にあたるところだそうだ。だから我々人類にとっては3600年であっても、彼らにとっては、たったの10年に過ぎないのである。

皆さんは異星人というと、現在知られているコンタクティには欧米人が多く、白人系の異星人ばかりでおかしいと思われている方もあると思うが、そんなことはないのである。

ラムー船長は〝白人も黄色人種も黒人もあり、自然は多様の中に調和を示します〟と述べている。

さて船長とその乗組員の人々は地球の状況について調査をしているわけであるが、地球上にいる限り生活のためにはやはり金銭が必要で、なにかしら職を持たねばならない。しかし彼ら異星人は地球人と比べれば全くといって良い程年を取らないから長い間、同じ職場に留まることはできない。だが彼ら船長達は上等なカシミアのスーツに身をかため、高級乗用車を乗りまわしていたという。

もちろん、彼らの能力をもってすればどんな分野の職業であったとしても成功をおさめるだろうから、金銭には不自由はしないのだろうが、あまり目立ち過ぎてもまずいので順次交替しているようだ。

アダムスキーによれば、女性の異星人はそのほとんどが地球上では活動をせず、地球上空の母船に留まって後方支援にあたっているという。

彼らを見分ける一番のポイントは、そのまなざしと身体全体からかもしだされる雰囲気で、柔らかく人の心を包み込んで離さないが、かといって人の気持ちの中にずけずけと入って来るわけでもなく、あくまでも控えめだということである。

もし、あなたの職場に頭がよくて仕事が出来、しかも性格が良くて控えめで、ある日突然〝一身上の都合で〟といって辞めて行く人がいたら、その人はもしかすると異星人かもしれない。

光の速度とは？

アルバート・アインシュタインといえば相対性理論や $E=mc^2$ を思い浮かべることだろう。Eはエネルギー、mはマス（質量）、cは光の速度、2は二乗である。

アインシュタインは相対性原理と、光速度不変の法則の両方をまとめて特殊相対性理論を作ったわけだが、相対性原理はガリレオ・ガリレイ（1561〜1642）によって考えられ、アイザック・ニュートン（1643〜1727）はこれをニュートン力学に発展させた。ガリレオもニュートンも光の速度については無限であると考えていた。

O・ローマーは木星の衛星の食で光の速度が測れると考え、秒速214、300㎞の値を得た（1676年）。その後、J・ブラッドレイはこれを測り直して、秒速295、000㎞の値を得た（1727年）。

またその後、H・フィゾーが初めて地球上で実験装置による光の測定を行った（1849年）。彼の測定値は今までで一番大きく、秒速314、900となっている。

皆さんのなかには、アインシュタインが相対性理論でノーベル賞を取ったと思っている人もいるかもしれないが、実は彼は1921年に光量子論でノーベル賞を受賞している。

光量子論は光を粒子であると定義し、それまで物理科学界で優勢になっていた〝光は波である〞という考え方を否定した。これによってそれまでの学会は一変してアインシュタイン・ワールドに引っ張られることになった。

光が波であれば、それを伝えるなんらかの触媒がなければならず、当時考えられていたエーテルと呼ばれた触媒の検出が確認出来なかったことが、この考えを否定する大きな原因となった。光が粒子であれば、宇宙空間を光が行くのにエーテル（触媒）がなくとも、たとえ真空であったとしても伝わると考えられたからである。

しかし、ここで不思議に思うのはなぜ地球上では真空ではないのに地球上とつながっている宇宙空間が真空になり得るのかという疑問である。現在では宇宙空間には多くの物質が満ちあふれていることは広く知られるようになってきたが、そもそも空間がつながっている限り自然と真空が出来ることなどありえない話である。

さて光の速度は無限と考えたニュートンは宇宙の絶対的な時間というものを考え、それに対する地球の運動（地球の絶対速度）を計ろうとしたが、アインシュタインは宇宙に於ける地球の複雑な運動からは地球の運動は計れないと感じ、逆にこの複雑な運動をする地球上で〝光の速度が一定で秒速約30万㎞〞であることが全宇宙でも通用すると考えた。ここで彼は光の速度は越えることができない（宇宙では光速度は無限なのでこれは正しい）と考え、地球上での観察結果から

〝光速度不変の原理〟を作ってしまった。

これは観測者の位置や運動いかんにかかわらず光の速度を秒速約30万㎞で一定としたことで、この原理を物体の運動式である相対性原理に結び付けるという大きな過ちを犯した。

このとき、時間と空間を一体化したかの有名な〝時空図〟と呼ばれるツールを使った考え方を生み出した。

これがアインシュタインの相対性理論で、この考え方が誤ったものであることはこの理論から生まれてくる摩訶不思議な現象を考えてみればすぐにわかることである。

アインシュタインの理論から、物体が光速度に限りなく近づくと

1、質量が限りなく増大。
2、進行方向に物体自身が限りなく縮まる。
3、時間がどんどん遅れ、光速度に達すると止まる。

(この3の「物体が光速度に達すると時間が止まる」というのは正しいが、これは光の速度が無限であるという前提条件が必要である。ラムー船長は〝力が無限に大きければ時間も無限に小さくなる、つまりそれは空間も時間も存在しなくなるということである〟と述べている)

皆さんの中には物体が光の速度に近づくと、質量が限りなく大きくなるので光速度を越えられないのだと騙されている人がいるかもしれないが、先述したように〝光速度不変の原理〟を基にした理論から計算式を作っているので、結果的にそうならざるを得ないのである。

これはちょうど、結果が先で原因を後からくっつけているようなもので、光の速度が秒速約30万kmを越えると理論が成り立たなくなってしまうのだ。

この秒速約30万kmという何物にも越えられない速度をこしらえたために、これまた不可思議な現象が想像されている。

たとえば、AとB二つの秒速20万kmで進む物体なり宇宙船なりが同方向に進めば、AB双方の相対速度は0であるのは誰にでも異存のないことだが、AB双方が反対方向に進んだ場合、アインシュタイン理論ではこのAB双方の相対速度が秒速40万kmにはならず、秒速30万kmにしかならないというバカなことが起こるという。

この光の速度をなにがなんでも守るために考え出されたのが、物体を縮めることや物体の質量をどんどん大きくすることだったわけである。

この物体の質量が大きくなるに従って宇宙を行く宇宙船はどうなるかというと、この宇宙船の質量が大きくなって重くなるのだが、燃料は有限なので質量が大きくなるに従って速度も落ちてくる、というわかったようなわからないような説明をある相対性理論を解説している本ではしていた。

どうもこの説明では、宇宙船の質量だけが大きくなって、中にある燃料だけは変わらないというバカバカしい子供だましのようなことになっている。宇宙船の質量が大きくなれば大きくなったで燃料も増大し、その推力も比例して同じように大きくなり、速度も変わらないはずと考えるのが常識というものだ。

この質量の増大は$E=mc^2$を使ったトリックで、Eのエネルギーをどんなに大きくしてもcの光の速度が一定で変わらないとしたため、mの質量がどんどん大きくなるというわけである。ここでもバカバカしいと思うのは、質量が増えるためには原子または物質の分子が増えねばならず、生物ではあるまいし遺伝子があるわけでもないのに、同じ原子構造や分子構造のロケットの金属自体が、どのようにエネルギーから変換されるのか、頭をひねってしまう。

また、もし原子や分子自体が大きくなるということであったとしても、ロケットやそれに乗っていた飛行士が巨人になって帰ってくるのだろうか。いずれにしてもバカバカしい話である。そもそも$E=mc^2$の公式自体がデタラメであるということは『アインシュタインの相対性理論は間違っていた』(徳間書店)の著者である科学ジャーナリストの窪田登司氏他多くの人々が気が付きはじめ、指摘していることである。

さて、このアインシュタインが取り入れた〝時空図〟というツールとアインシュタイン理論によって作られたアイデアを、それ以降の科学者達はどういうわけか引き継いで、物理学者のガモフは天体観測からビッグバン理論を思いつき、スライファーは天体がどんどん離れて行くように見えることを観測して、これをビッグバン理論の証明と勘違いし、ハッブルは遠方にある天体ほど遠のく速度が増してゆくと錯覚してハッブルの法則を打ち立て、ひいてはその後、インフレーション理論なる摩訶不思議な理論も生み出されてくることになった。

アインシュタインは自分の理論から発展したビッグバン理論のような膨張する宇宙という考え方は全く持っておらず、あくまで拒否しているが、自分自身の理論の誤謬《ごびゅう》に気が付かずどんなに繕っても、自身の理論を否定しない限り、間違った方向に進んでしまうのも致し方ないことであろう。

太陽系の真相

太陽系の軌道

現在、学校等で一般的に教えられているところでは、太陽系の中心は太陽としているが、ラムー船長の話ではそうではないという。みなさんは「えー！　嘘だろう！」と思うかもしれない。しかし、今では科学の常識が、つぎつぎと塗り替えられつつあるので、まずここはひとつ、船長の話を聞いてみてほしい。

「地球の科学では、太陽は太陽系の中心であるとしているが、これは正しくない。銀河は広大な磁場であって、磁場は、またそのなかに第二の磁場を含んでいる。たとえば、地球も太陽系中の磁場である。そして、太陽系はまた銀河系内の磁場を形成している。ハーシェルとニュートンは、数学的に磁場の存在を示した。そのなかを太陽と惑星は運動し、太陽系の平衡点が、太陽からその直径の三倍の点に存在していて、惑星の相対質量と太陽の相対質量との比が、一対七百であることに基づいている。

太陽が動いているのは、この平衡点の周りである。質量が質量を、質量に比例し、距離の平方に反比例して引く、というのは誤っている。原子の相互作用をうける質量は、離れている他の質量に何の影響も与えない。

しかし、磁場は互いに、吸引したり反発したりするので、物質は磁場に引かれる。吸引力は、太陽系の磁気的平衡点により地球に作用する。この点(太陽系の中心点、磁心)に引かれる、いっぽう太陽の光に反撥《ばつ》される。つまり、太陽の周りの地球の軌道は、この吸引と反撥の二つの作用の平衡を示すのである」(図A)

前述の「光の速度とは?」に登場したデンマークの数学者オラフ・ローマーは、木星の衛星が木星の影に入ったり出たりし、周期が少しずつ変化することに目をつけ、このことは光の速度が有限であり、木星が地球から遠ざかるにつれ、光の到着時間が遅れるからだ、と考えた。しかし、ラムー船長によれば、これが大きな誤りであることは次の話から理解できるだろう。

「宇宙で起こる光学現象、実際は錯覚である現象を考えよう。まず太陽の運動を知る必要がある。すべての惑星は、太陽系の赤道面の平面を動いている。いっぽう太陽は、この赤道面から46度傾いた別の平面の磁心の周りを動いている。これが生じる第一の光学現象は、惑星の住人に、太陽面に対する惑星軸の角度により、毎年惑星が公転するにつれて、太陽が上方の交点に昇ると、北半球がよく照らされ、下方の交点に沈むと、南半球が照らされることが、わかるようにしている。

これは、太陽が振り子のような運動をしている、と錯覚させる。すべての惑星の軌道が、ある程度、傾いているのは確かだが、大部分は太陽の運動に基づく光学上の錯覚である。惑星軌道の傾きは、太陽が公転軌道に上がるとき、太陽が下方へ圧力を与えて、惑星を下方へ押しやることによるものである。

太陽の軌道が下降するときには、惑星を上方へ押しやるのである。その他のことは、移動する太陽を不動としたことによる光学的錯覚である。このため全ての惑星は、移動するように見える。

太陽は、直径625万マイルの軌道を描いて、磁心の周囲を回り、355日で一回転する。このため、古代の天文学者は355日を一年としていた。これが真の太陽年であって、地球が磁心の周囲を一周する365日に基づいていたのではなかった」(図B)

太陽系の惑星が、楕円軌道を描いて周回していることは、皆さんもご存じのことと思うが、吸引点である磁心は動かず(太陽系内で)一定で、反撥力を与える太陽が動いていることを思えば、これも納得できるだろう。

先日、ケーブル・テレビのディスカバリー・チャンネルで、ある恒星系に関してのプログラム

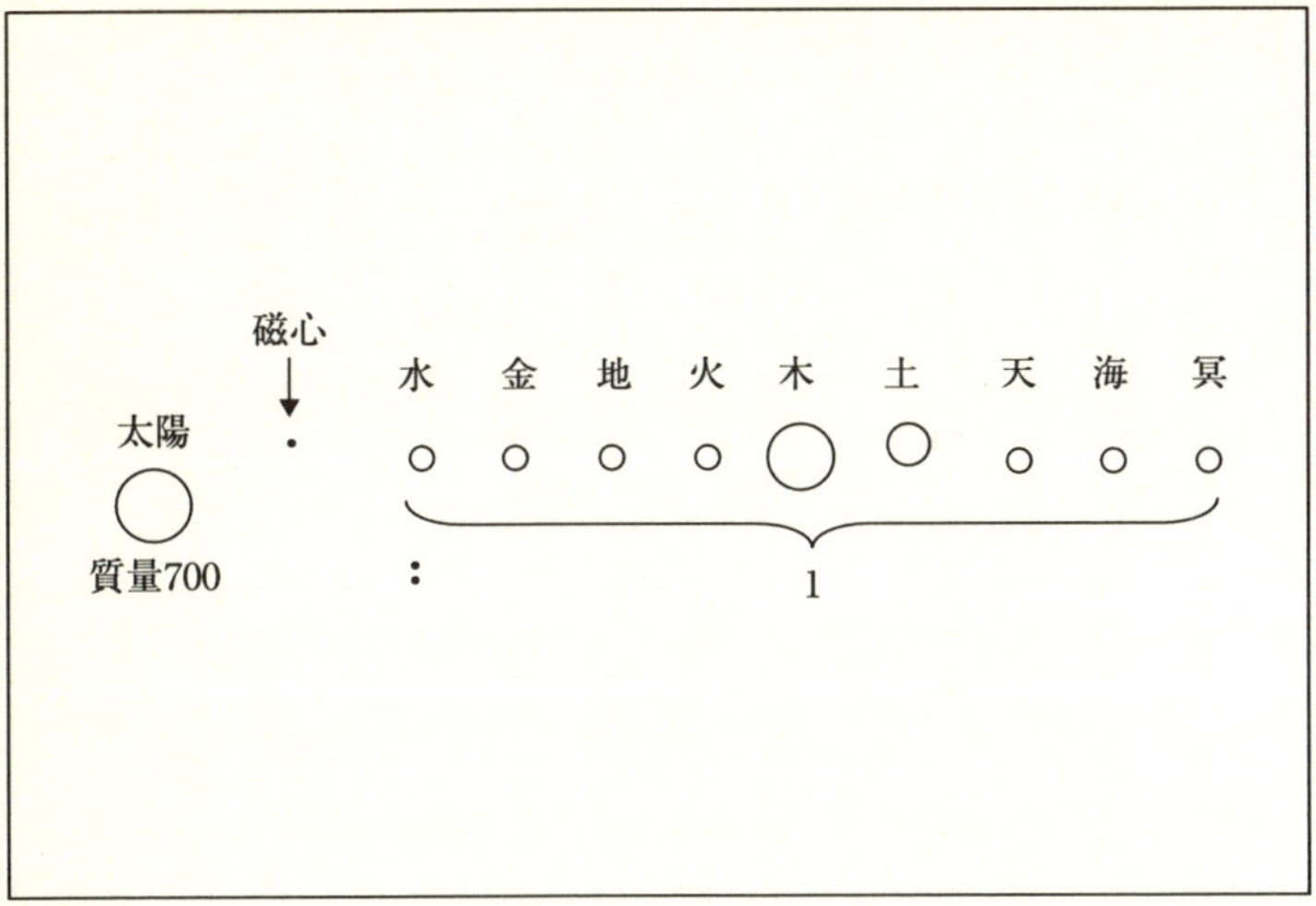

図A

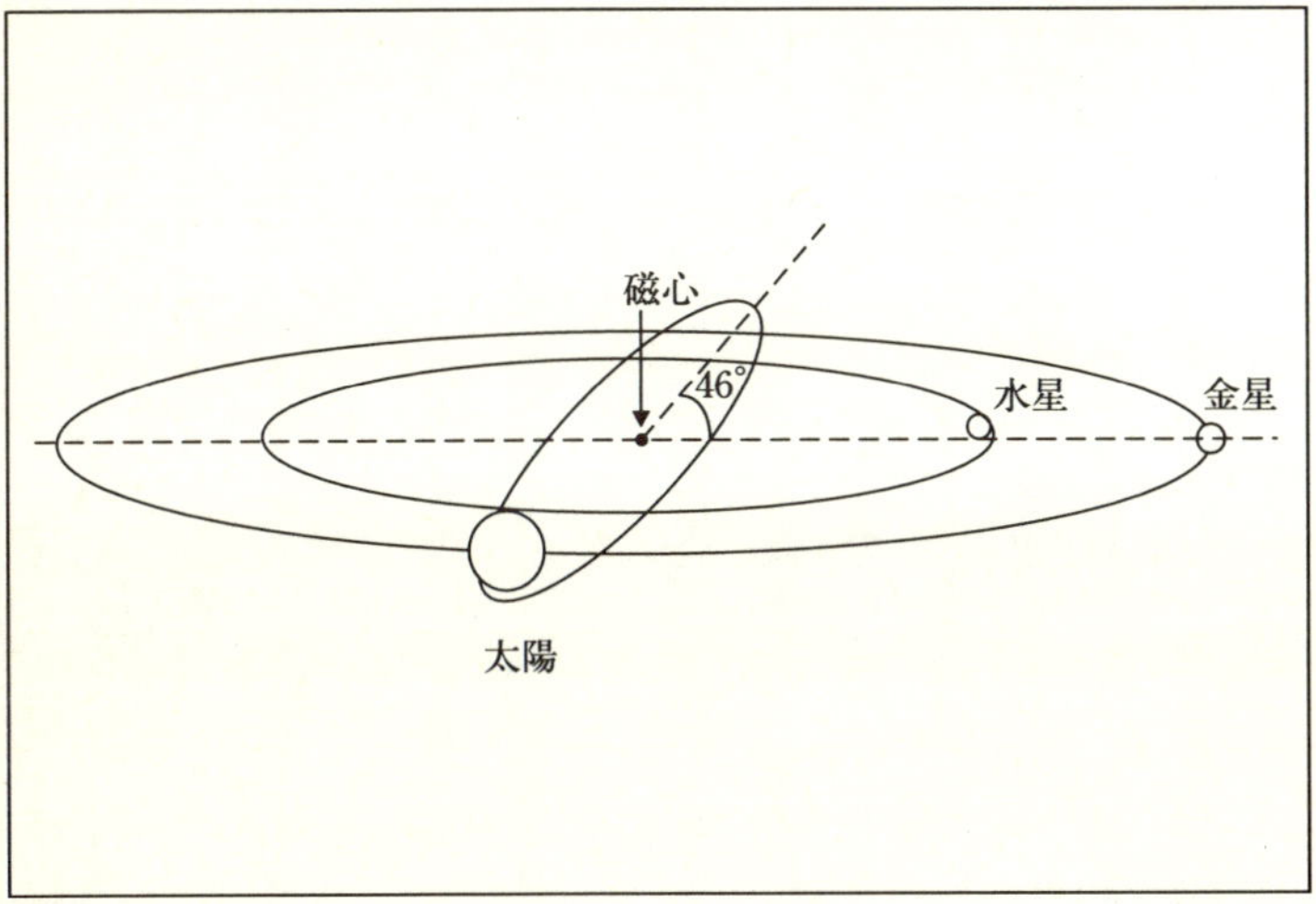

図B

を放送していた。

この恒星系の太陽は、おもしろいことに中心から外れたところで、ぐるぐる回っているのだ。その番組に出ていたアメリカ人天文学者によると、この恒星系が有する惑星が大きく、その引力が強いので、その影響から中心の太陽も、それに引きずられて、中心から外れて周回しているということであった。

しかし、これではなんの説明にもなっていない。通常、遠方にある恒星を周回する惑星は、地球からは見えない。恒星の強烈な光によって、その僅かな光は打ち消されてしまい、確認できないのだ。ただ単に推測しているに過ぎない。

天王星以遠の惑星だって望遠鏡の技術が進歩してやっと見つけられたのだ。この惑星の大きさや、その恒星からの距離など、一切情報がないところをみると、恒星系の太陽をも引っ張る巨大な惑星も発見されていないのだろう。やはり我々の太陽もこの恒星系の太陽のように磁心の回りを巡っているのが実態なのである。間違った推測からは、間違った結論しか導きだせない。

だが、ここでよく考えてみると物質同士が引き合うというのもおかしな話である。

物質が原子の集まりであるのは、だれでも知っていることだが、原子は原子核と電子で出来ている。そして、原子核はプラスに帯電し、電子はマイナスに帯電していて、はじめて安定した原子を形作っている。

このように、本来プラス・マイナス0になっている物質であるはずなのに、なぜ引っぱる力が存在するのか。そもそも、この力が物質自体に存在する、と考えることに無理があると思われる。やはり他に原因があると考えるべきなのである。

回転する天体であればどんな天体であっても引力（磁力）は発生すると考えられるので、太陽に全く引力がないとは考えないが、もし太陽自体に、太陽系の惑星すべてを引く力があると考えると、それ自身の巨大な引力で、太陽光は発生しないと考えられる。

太陽や地球や他の惑星に引力があるのは、知られているように天体内部のマグマ等の流動や自転の回転運動によって、発電機が磁場を形成するように発生するのではないか。バンアレン帯が、地球の北極と南極を軸にした、磁石の磁力線と同じように存在していることは周知の事実である。

次は地球が太陽の周りを、どのようなメカニズムで公転しているのかに関するラムー船長の話を聞こう。

「宇宙の物体は、二つの反対の力がそれを支え合うならば、平衡状態にある。しかし、反撥力なくして吸引力のみが有ると、惑星は吸引点の方へ向かう。遠心力によってのみ反撥力が生じるなら、惑星は吸引点の方へ、ら施を描きつつ落ち込んでゆくだろう。

太陽の反撥力がなければ円運動はない。一方向に推進する物体は他の方向へは動かない。

この反撥力に対して異なる方向に、どうして地球は動き得たのであろうか。

$$\frac{\text{地球の直径（6378km）} \times \text{公転速度（106,000km）}}{\text{自転速度（1,660km／時）}}$$

＝407,200km

一方向からの推力は、それ自身に対して直角の推力を生じないではないか。

公転の現象を理解するためには、惑星の真の直径を、固体質量だけでなく、固体とエーテルの和と見なさなければならない。有効直径は、上記の公式で得られる。

地球は時速1、660kmで自転し、軌道上を時速10万6000kmで公転している。このことから、407、200kmが得られる。

これはエーテル部分も入れた直径である。この直径から、地球の直径を引くと、地球のエーテルは地球表面から400、882kmだけ広がっていることがわかる。（図C）

このとき、月はエーテルのカバーのヘリの中にあり、いろいろな現象はこのカバーの中で起こる。

エーテルのカバーは引力と反撥力の、二つの互いに反対の力が、地球に作用する支点として働く。従って地球惑星の有効直径は814、400kmである。

この全体が、与えられた平面上を、互いに反対向きの力に支えられて、ある角速度で動いている。地面を回転する車輪が前進するように、公転軌道上を動くのである。（図D）

このとき、回転を起こす同じ力が、空間内を移動させるのがわかる。

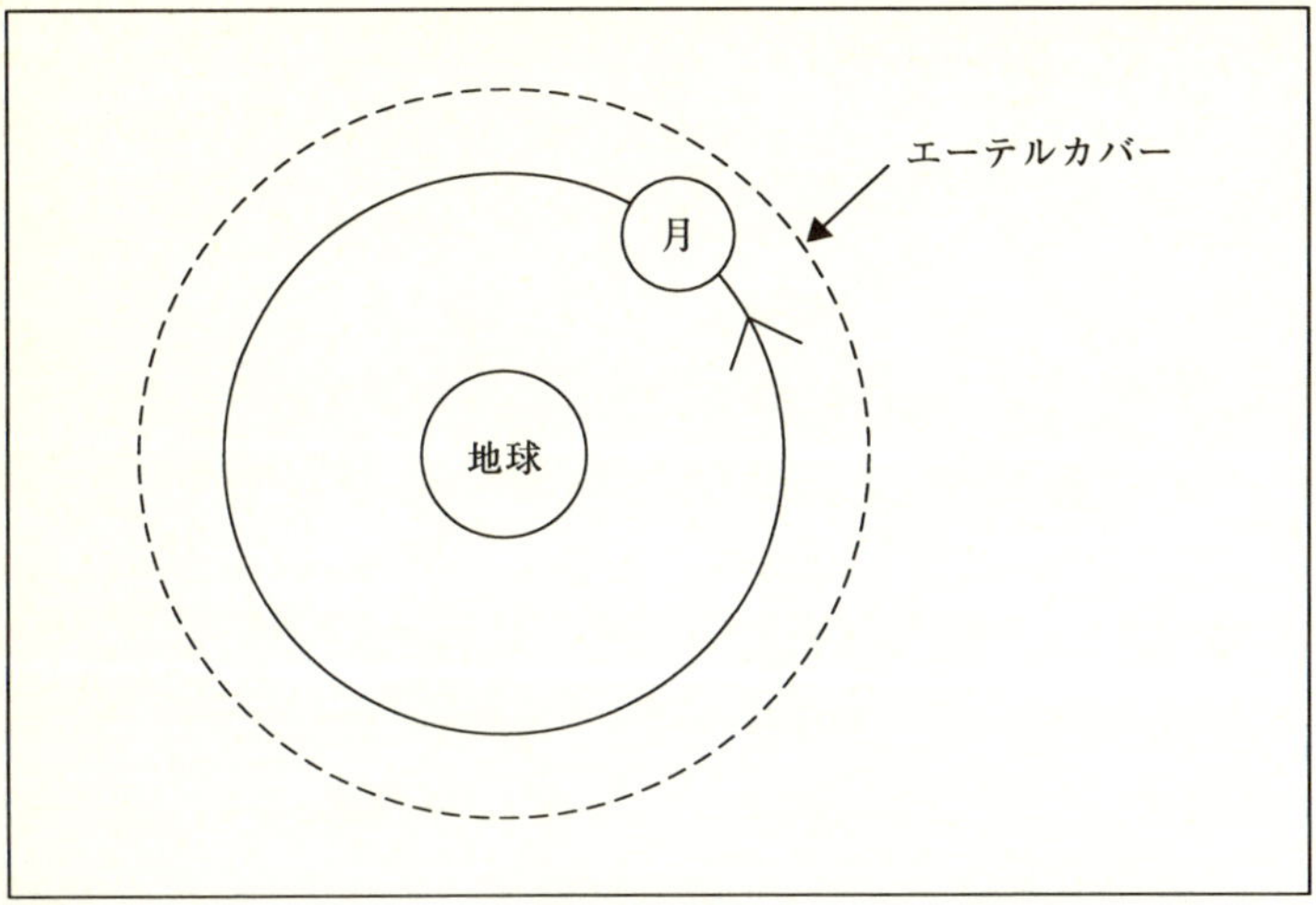

図C

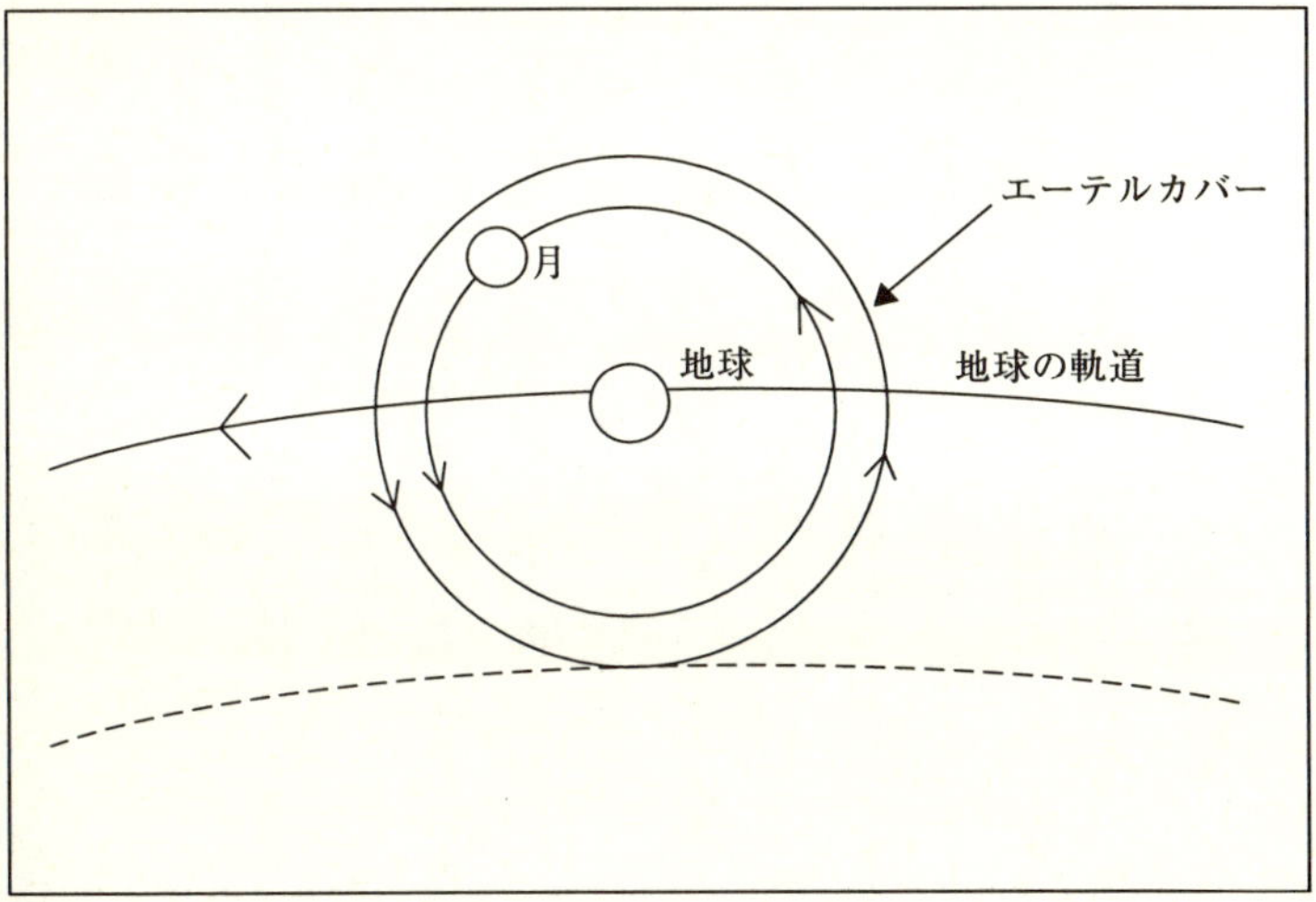

図D

惑星名	惑星直径（マイル）	エーテル半径（マイル）
水星	3025	392500
金星	7700	200500
地球	7970	253500
火星	4160	197250
木星	87390	10
土星	71925	ナシ
天王星	29625	11530
海王星	27050	16750
冥王星	7190	60500

太陽系惑星の直径およびエーテルカバーの半径

以上より、大きい惑星がなぜ、太陽から遠い距離に位置しているのかが理解できる。

太陽からの距離と惑星の体積を知れば、その真の密度がわかり、両極の磁力がわかる。

木星は低密度で、大きい直径を有しているので、引力より反撥力を多く受ける。物体の質量に比例して、質量が質量を引くのであれば、体積で１３３０倍、重量で３３１倍の木星は、地球より太陽に近く位置しているはずである。

惑星の回転速度および公転速度がわかると、そのエーテルの広がりの程度を算出できる。（しかし、望遠鏡によっては観測できない）

地球の数学は、全太陽系を含む18の未知因子からなる三体運動（磁心［吸引力］、太陽［反撥力］、地球）を解く方程式を発見していない」

木星の食の錯覚

ラムー船長はオラフ・ローマーの食の観測に関して次のように述べている。

「O・ローマーは200日間に木星の2回の食を観測している。この200日間に太陽はその軌道の約半分を動き、最初の位置から6125000マイル移動していた。

太陽が移動したので異なる時刻に食が起きたのである。もし点か衛星が木星に影を落とすなら、200日間の太陽の位置の変化で影の位置は数マイル変化していただろう。

衛星が木星から一定の距離を回っていれば、木星からの距離に応じて食の時間が約1000秒遅れるのがわかるだろう。

しかし私が言いたいのは、実際には食は予定より1000秒早いということである。これがローマーの計算の正しくない理由である。

もうひとつは、地球から見た木星の角度に注目する必要がある。食の正確な時刻がわかれば、そのときに惑星がどれだけずれるかがわかり、私の計算を正確にすることができるだろう。しかし、いずれにしても木星に関しては与えられた時刻に起こるといいうるが、観測の角度によって相対的にずれるとの印象をうけるだろう」

船長はブラッドレイについても言及している。

「一地球年を31558149・5秒として、この数字をパイで割って、地球軌道の直径相当時である10045247秒を得る。

ブラッドレイは星の光の光行差は光が空間を行く時間に基づくと主張した。これに基づいて彼は地球の軌道速度を

（光速度）×（光行差の正接）

と計算した。しかし、宇宙の光は散光であり、地球が軌道のどこにあろうと地球の前にあり、地球に届くのを待っている。

それで宇宙を光が行くのに遅れはないのである。彼の理論は愚かな詭弁であり、科学の価値がない。

地球の太陽日は86400秒である。これは地表の定点を連続して二回よぎるのに要する時間である。

しかし、太陽と星の子午線通過をとれば、この恒星日は86164秒であって太陽より236秒短い。

地球の一日の動きは日光をそれだけ余分に公転の方へ移動させる。

地球が年末に一回公転したときに、日光の一日毎の移動が一日分となり、または一回の自転分

となる。一年に一日余分になるべき時間は一日に236秒の増加の累積である。一恒星年の秒数を一恒星日で割ると、一年に地球の自転する回数を示すことができる。

一恒星年の　　31558149・5秒および
一恒星日の　　86164　秒から
　　　　366・25667回転を得る。

これから、一日に地球が公転する度数は、360度を回転数で割って
360度÷366・25667=0・98291771度
　　または、3538・5分である。

地球外の観測者が、たとえば20日をおいて月の食を観測すれば、次の食の時刻は
　19・65834度
だけ外れるのに気づくだろう」

ローマーやブラッドレイが測定したと考えた光の速度は、実は太陽の自転の動きからくる錯覚に過ぎなかったのである。

さて私は天体観測に関しては全くわからないので、誰か皆さんの中で食に関して船長の話が正しいか、観測してくれる人はいないだろうか。

是非、先述のデータを基に調査、研究をしていただきたいと思う。

太陽系の天体

我々が考える引力というものが、実は磁気的な力の産物であり、「吸引したり反撥したり」できることは、磁石によって理解できる。

また、これが金属以外の物質でも可能なことは、リニアモーターカーを見てもわかる。いわゆる、UFOと呼ばれる、地球外人類が乗っているといわれるスペースクラフトも、磁場をコントロールすることによる、電気的装置によって飛行していることは、広く知られている。

従って、他の惑星へ行く場合、地球のロケットのように燃料を大量に積む必要がない。このことに関してラムー船長は次のように述べている。

「もし液体燃料を用いるなら、他の惑星に到着するのに、途方もない量が必要である。そのとき、帰路の問題がある。

この方法は、明らかに実際的ではない。地球人の直面する困難は、架空のものである。

宇宙の法則を理解しさえすれば、どんなことでもたやすくなろう。我々が理解できたのだから、あなたがたも理解できよう。

地球の科学者は用語を混用している。地球を軌道に保持し、自転を説明する唯一の物は、太陽の引力であるようで、地球の科学者は、すべての計算をこの引力に頼っている」

ＮＡＳＡは、近い将来（予定では２０２０年頃か？）火星に人間を送ろうとしているようだが、ラムー船長は液体燃料ロケットでは実際的ではないと言っているのだ。

液体燃料ロケットではご存じのように、そのほとんどの燃料を地球脱出のために使ってしまう。たとえ火星に着いたとしても、帰路、火星を脱出するためにまた多くの燃料が必要である。

現在、地球の大気上空に宇宙ステーションを造っているのもそのための一環であるが、火星で燃料を調達出来なければ、結局、地球から運ばねばならない。

また、火星で燃料を調達するにしても、その設備を造るための資材を運ぶのに、これまたもっと多くの燃料が必要である。まったく船長の言う通りだろう。

やはり、地球でもＵＦＯのような電磁式宇宙船を造らなければ、他の惑星への旅など現実味がない。

ＮＡＳＡは、マリナー４号による火星探査が行われたとき（１９６４年）、火星の大気は４～７ミリバールと発表していた。今は何と言っているのか知らないが、バイキングの火星探査写真を見ても大ウソだということがわかる。

このあたりのことを水島保男氏の著書『あなたの学んだ太陽系情報は間違っている』(たま出版)から引用してみよう。

「大気圧が7ミリバールということは、我々の住むこの地球でいえば、地上35キロメートルも上空にいかねばならない。成層圏の中間に行ったのと、ほぼ同じ大気圧である。我々は、地球のこの成層圏の状態についてはよく知っている。そしてそこはバイキングの着陸船が送ってきた写真にみられるような〝明るい青空〟は存在しない。火星の空は、あまりにも地球の地表から見る青空にそっくりなのだ」

皆さんにも是非この水島氏の著書を読んで頂ければ、ここに書いてあることも理解しやすいと思う。この本には成層圏上空からのぞむ太陽の写真も添えられているが、上空はまっ暗で太陽は輝いておらず月を見ているようである。

アダムスキーは火星の大気は700~800ミリバールであるとしていて、これは地球上ではメキシコシティーの高度に相当するのだそうだ。

私は以前、メキシコシティーを訪れたことがある。初日は空気が薄いためか大変息苦しいと感じた。しかしそれも一日だけで、二日目からは東京の空気(メキシコシティーの空気も、東京の空気と同じように車の排気ガスで汚れている）と同じようになんら不自由は感じなかった。

火星には砂嵐や雲が確認されているが、7ミリバールでは砂嵐はもちろん雲すらもできることはないのである。

月の気圧は340ミリバールとだいぶ低い気圧であるが、それでも二日間くらいの減圧処置を施せば宇宙服なしでも生活できるそうである。皆さんはここで疑問に思うかもしれない、「NASAはそんなこともわかっていないのだろうか」と。しかしそんな心配？はいらない。ちゃーんとわかっていて、ただ隠しているだけなのだ。月に人間を送りこんでいるNASAが知らないはずはないのである。まして、月の住人と会っているのだから。

金星もいわれているような高温で酸性雨が降る環境ではないことは、水島氏の本を読めば納得できるが、これは金星を訪れたアダムスキーの情報を裏づけるものである。

アダムスキーは金星で森や川や滝、そして海も見ていて、地球の環境にソックリだったという。また住居は素晴らしく奇麗で輝いていたという。

そこで見た住居は当時のアメリカの一般的住居とさして変わらなかったそうだが、アダムスキーがここで最も不思議に思ったことは、照明器具が見当たらなかったことである。照明器具がないにもかかわらず、部屋の中は柔らかい光で満たされていたそうだ。

これは、UFOの内部を見せられた他の多くのひとびとの証言とも一致する。ここからも、地球外人類のテクノロジーの高さがうかがえる。地球の自動車に相当する乗り物は地上1メートルくらいで浮いて走行するので、地球のような舗装道路はなく花で敷きつめられていて非常に美しいということである。

異なることといえば、地球上のような騒音や排気ガスによる汚染がないこと、環境破壊がないこと、また社会体制は原始共産主義といわれるようなもので、金銭が存在しないこと、犯罪がないこと等である。

ラムー船長の話を続けよう。

「火星の第一衛星は、あなたがたの真理の認識を否定する、奇妙な現象を示す。すなわち、火星が24時間37分の自転を完了する間に、その衛星は一周が7時間39分なので、三周する。惑星の重力に従わず、一周ではなく三周する力を何が供給しているのか。

木星の第9、第10及び、第11番衛星の挙動は奇妙でさえある。これらは、あなたがたの考える重力の法則を、全く無視している。

木星及びその衛星は反時計方向に回っているが、これら三衛星はその反対方向に回っている。

地球大気層上の、ある一定の高さに達すると、物体はひどく回転し始める。このことは、地球の人工衛星などによって確認されるが、これは地球を自転させるのと同じ原因である。

気圧の低いときに、一方が暗く、一方が照らされる物体は、虚軸の周りに自転しようとする。これを修正するために、太陽の光が当たっている反対側を熱する。こうしてバランスをとるのである。

宇宙航行の主な技術は、目標の惑星のエーテルのカバーに、いかに接触するかにある。我々は常に、惑星の自転の方向に接近する。反自転方向に近づけば、我々の宇宙船は粉々になるだろう。つまり運動の方向に従うのである。同方向に運動する二物体は、相対速度を持たないから、それらが接触しても摩擦を生じない。

我々が、時速175、000マイルで飛行していれば、自転の方向であったとしても、低速度で自転する惑星のエーテルのカバーに接触するのは危険である。このような場合、エーテルのカバーの速度まで減速する。

地球から木星に行くときには、一般的にそのときの惑星の位置によって、火星や金星を踏み石とする。

あなたがたの場合、宇宙で速度を修正する確実な手段を持っていないから、次のようにすべきである。

地球は時速66、000マイルで公転し、火星は時速54、000マイルで公転している。木星は時速29、000マイルで公転している。そこで解決法だが、火星を踏み石として、火星の公転速度54、000マイル／時とすることである。この速度と、木星のエーテル速度との差、25、000マイル／時は、あまり大きい摩擦を生じない。

長時間かかるが、火星の与える速度で木星まで行ける。木星自体には着陸が困難なので、木星の衛星に着陸すべきである。ガニメデやイオが推奨できる。これは高速で動く大きいエーテルのカバーと大気をもっている。

金星を足場にするのはよくない。この惑星は、時速77、000マイルで公転していて、この速度と木星の速度の差、48、000マイル／時は大き過ぎるからである」

ラムー船長が言うように、現在、地球の科学では宇宙船自体に自力で高速を出したり、急に減速したりする技術はないから、惑星探査衛星カッシーニのように地球や月などいくつかの天体の自転や公転速度を踏み石として、長時間かけて他の惑星に行くしか今のところ手はないだろう。

光とは

まず、光について簡単に説明しよう。光は、電磁波の一種であり、電磁波は波長の短い方から、ガンマ線(放射性の一つ)、エックス線、紫外線、可視光線(一般に光と呼ばれるもの)、赤外線、電子レンジのマイクロ波、電波などに分けられる。

現在、地球上で観測される最も短い電磁波はガンマ線で、波長はおよそ0・1ナノメートル以下である(1ナノメートル=100万分の1ミリメートル)。そして、振動数は、およそ10の18乗ヘルツで、一秒間に一兆回の100万倍振動している。可視光は波長が380ナノメートルから770ナノメートルの電磁波をさしている。ちなみに、ヘルツとは、周波数の単位で、nヘルツは一秒間にn回振動することをあらわしている。

ここで不思議に思うのは、この波長と振動数とが数学でいうところの、逆数の関係になっていることである。つまり、波長が長い波ほど振動数が小さく、波長が短い波ほど振動数が大きくなることで、このあたりが、どうも電磁波が秒速約30万キロメートル以上では、地球上で観測されない理由の一つになるのだろうか。

次に、ラムー船長の光に関する説明を抜粋する。

「宇宙の光は、散光であり、地球が軌道のどこにあろうと、地球の前にあり、地球に届くのを待っている。それで宇宙を光が行くのに、遅れはない。（太陽系の軌道のところとダブる）

惑星上では、光が秒速約30万キロメートルであるときにのみ見られる。

地球人が、暗闇と感じるときでも、他の惑星人には、光として感じられる場合がある。これは、別の周波数帯で物を見ているからで、光がただ単に、眼球あるいは視神経への圧力であることを示している。

赤外線は不可視光であり、速度は可視光より、はるかに小さい。また化学光、または紫外線は、可視光よりはるかに速度が大きく、高い周波数を有している。すなわち、速度は常に「周波数×波長」である。

惑星上で見られる可視光が、秒速約30万キロメートルであることは正しいが、この速度定数が、異なる周波数範囲にも適用される、と考えるのは誤りである。

光の伝播では、これらの光は、波長と周波数に適する、媒質を必要とする。熱線、または赤外線は、密なる媒質を必要とするので、宇宙空間（準真空）を透過しない。完全な真空は光を通さない。

光とは、原初の空間に、それ自身を戻そうとする、変形された空間である」

この最後の〝光とは……〟はちょうど水晶が圧力をかけられたときに一定の振動を持続するのと同じような理屈である。

私がまだ学生であった頃、夜空の星を見上げているときに、今見ているその星達は本当は何万年も前のものだよ、と聞かされて随分と不思議に思ったものである。しかし、宇宙空間での光の速度は無限であったのだ。だから、今あなたがたが見ている星もあなたがたと同じ時間を過ごしているのである。

このことはまた後ほど触れるが、宇宙空間には時間が存在しないことがひとつの大きな理由である。

マイケルソンの実験の誤り

マイケルソンとモーレーの光の速度の観測実験は有名なので、皆さんもご存じだろう。ラムー船長はこれに関して次のように述べている。

「マイケルソンは有名な実験中には確かにエーテルを発見しなかったし発見できなかった。エーテルの抵抗に応じて光速の遅れがあろうと考えたが、地球の角速度と同速度でエーテルが動いているので発見できなかった。二物体が同じ速度で同方向に動くとき、相対的に静止している。系外の観測者に対する速度は問題外である。同じ系の中での二点間の相対運動が問題である。質点Mがどんな速度で回ってもよい。重要なのは二質点が異なる速度で動くかどうかを観測することである。最も難しい問題を最も簡単な描写で説明しよう。例えばハエが光速のバスの後尾を離れて前方へ15秒飛んだとして、バスの後尾へ戻るのに15秒以上かかろうか。もちろん同じ時間しかかからないことは明らかである。

ある人が後尾に座り、もう一人が前部に座っていたと仮定しよう。後ろの人物が前の人物にボールを投げて、また投げ返したとする。もし、ボールがそれぞれの方向に同じ力で投げられたとすれば、行き帰り同じ時間を要する。このときバスの速度は外速度であるのがわかろう。これはバスの外部の点に関するものであることは明らかである。バスの内部では速度はない。マイケルソンはこのように理由づけるべきであった。光はバス内の一点から別の点へ行くボールのようであり、速度を失うことはない。

エーテルに対して光が遅れをもたないのは、大気に対してボールが遅れをもたないのと同様である。それはバスが光速で走っているときにボールが遅くならないから、大気がないというのと同じ理屈である。しかし、マイケルソンは非難されるべきではない。地球に対してエーテルが不変で静止していると考えた人が悪いのである。この誤った前提では、同様に誤った結論に達するだろう。三段論法の小前提に誤りがあれば、大前提が含まれるから結論は誤りとなる。誤れる理論は誤れる結果を生む。

マイケルソンの実験に関する限り、理論全体が地球人が作った誤れる前提から生じている。

さて、我々は最初の原理から考え直す必要がある。マイケルソンは光速度の定数を発見した。この定数は正しいだろうか？　実は正しくないのである。

エーテルが光速の遅れを生じさせないのは、

1、運動体のすべての点が同じ速度で動けば、運動の遅れがない。つまり、光と同じ速度を持ち、速度は小さい。

2、媒質が一様である。
3、測定距離が大変短かった。
4、媒質の抵抗による光の遅れは二つの異なる媒質、例えば空気と水などを比較して求めるべきである。
5、光は速度が186、000マイル／秒であるときのみ惑星上で見られる。

等の理由によるのである。

マイケルソンが探しても発見できなかった抵抗は、光を反射する鏡の中で見出されるべきものである。なぜなら、抵抗は反射の過程で障壁により供給されるものであるからである。例えば、水中では光のある部分が吸収されるから、反射は決して完全ではない。これは光に圧力、抵抗および吸収があることを物語っている。

月を見ると反射光が柔らかいことに気が付かないだろうか。これは可視光の幾分かが低い周波数となり、障壁の抵抗により不可視となることから来ている。これは光と呼ばれているものの実態を考え直す必要があることを我々に感じさせる。

あなたがたが暗闇と思っているあるものは私には光である。これは光が眼球あるいは視神経への単純な圧力に過ぎない事実を物語るものである。ある種の動物は別の周波数帯で物を見るので、人間が夜と感じても彼らにとっては昼なのである。たとえば、ハチ等の昆虫類は紫外線を、また金魚等は紫外線も赤外線も感知できることはよく知られている。このため、金魚は濁った池の中でも物が見えているのである。（〝光〟のところで地球人類が光と感じるのは波長が３８０ナノメートルから７７０ナノメートルの電磁波であることは述べた）」

日光と、その効果

「日光は、宇宙を行くときに、常に焦点の方向を保持する。一方、化学光は拡散する。日光はエネルギーが、太陽の水素、およびナトリウム層を通過するときに、生じるのである。

人が影を見ると、この拡散光の輝ける帯をみるだろう。もし、この化学光がなければ、多くの惑星が不可視となろう。冥王星の位置では、その光は化学光でなければ見えまい。

冥王星から見る太陽は小さく、受けるエネルギー量は大変に小さい。しかし、この小さい惑星は宇宙に輝き、0・16の光を放っている。

一方、太陽に近い水星は、0・058の光しか放たない。これは、冥王星の大気が、日光に対して非常に敏感であり、この僅かのエネルギーに対して、激しい反応をする事実に基づく。

地球は相対的に、太陽に近いけれど、僅かしか光を反射しない。地球の反射能は0・039であるが、より遠い惑星は、より大きい反射能を有している。

木星は0・5、天王星は0・66、海王星は0・62である。

惑星上で見る光は、太陽の変調光であり、物理化学光でもある。合成光は、物理化学光の強度に依存する。

冥王星が受ける僅かの光量は、単に反射されるだけなら、無視できる程である。説明するのに、長時間かかる別の光学現象があるが、ここでは、光の作用は、様々な現象が距離をおいて認知される、宇宙での発生条件に主としてある、とだけ言っておく。

地上に来る熱は、太陽から来るが、高周波の形態で来る。これが熱波に変わるのである。この変換は、惑星大気中で起こる。

熱は、低密度の空間を伝わらないから、熱の形では、太陽から来ることが出来ない。

太陽表面の熱でも耐えられる。電気力が作用する、波にすぎないからである。数百万度の熱が太陽表面にあるというのは、ナンセンスである。光度は、その熱に無関係である。地球上でも冷光源がある。多くの昆虫は、冷光を有するし、バクテリアの作用で、発光する野菜もある。

日光の振動でもたらされる熱以外に、太陽の光圧でも熱は生じる。日の出のとき、斜光は圧力を与えないので、人々は、太陽が熱のない大円盤であるという印象をうける。しかし、天頂にあるときには、日光が地面を貫通すると感じる。

緯度が高くなるに従い、なぜ冷たくなるのかには理由がある。赤道では、直角に日光が当たり熱い。両極では、これらの光は、大部分磁気効果により反撥されるから、太陽圧力は大変に低い。両極が冷たいのは、日光が斜めに射す結果であり、磁場によって曲がるからである。

あるオーロラは、イオン圏に於ける電気作用の結果であるが、また別のオーロラは、高所での光線の振れが、大気上層部で輝きを生じるからである」

太陽が、地球上の成層圏から見ると月のようで、地上で見るのと異なって輝いていないことは前に述べたが、最近の研究でも宇宙空間から見る太陽は、実際はむしろ青黒いのではないかと考える科学者もいる。

現在の科学では、いまだに太陽の表面温度は4、000度〜6、000度、その炎は200万度と教えているが、まさか皆さんは太陽の熱が直に来るとは思っていないだろう。

電子とは

「磁石で作った磁場の中で、ローターを回転させると、ただちに電子の流れを得られる。これは導体の表面を流れる。

これらは、どこから来るのであろうか。電子はどこから来るものでもなく、磁場の中に生じるのである。

電子は、ローターの運動によって磁場にもたらされた、ヒズミの結果である。

この発電機を、気密な容器中に入れたとしよう。導体中に大きな電子流があっても、この容器内の気圧は変化しない。これは電子が、磁気空間の変形であり、波として伝播することの証明である。

電子が波の形態であることの証明は、スペクトル中を屈折させれば得られる。原子核の近くをガンマ線が通ると、電子を引き寄せる。ガンマ線の慣性能率が、変化するのは事実である。

この現象を説明するのに、地球の科学者は、ガンマ線の加速度がエネルギーに変わった、との薄っぺらな仮説を出した。しかし、空間の慣性能率のベクトルが、エネルギーに変わったと考えるのは、道理に合わない。そこで起こっていることは、発電機内でローターが回り、磁気空間の変形を生じることである。

質量Mのローターの点M'が、磁場の中にもたらしたヒズミは、タービン内の水の重力に対応する。慣性ベクトルが、エネルギーを生じる、ということが不合理であれば、この慣性モーメントが質量を生じる、ということ、つまり、電子が粒子であるということは間違っている。

唯一、合理的な説明は、ガンマ線は電磁場の源泉であり、原子核の近くで変形して、この変形から電子が生じた、ということである。

電子は、波の形態の電荷である。

ガンマ線は、加速度以外のなにものも失わない。つまり、周波数の一部、または波圧の一部を失ったわけである。

原子核からなる障害物を、ガンマ線の通路に置けば、その周波数の許容する電子を得られる。いずれの場合にも、その瞬間に、ガンマ線の占有する空間に、変化がもたらされたのである。

原子核の周囲を、波動が周回できないなら、粒子であれば、なお更できない。物理法則は、不変だからである。

熱力学の第一法則は、熱の力学的等価性と呼ばれる。ある量の仕事をするには、ある量のエネルギーが必要である。これが消費されると、物体の力学的運動は止まる。

電子がどんなに多くのエネルギーを持っていても、有限量のエネルギーである。もし、電子が粒子であると仮定するなら、原子核の周りをめぐる電子は、瞬く間に、このエネルギーを消費し尽くすだろう。

しかし、電子の運動と安定性は、時間にも、熱力学にも依存しないのでこのようにはならない。また、粒子であれば、その大きい速度は、その遠心力で原子の外へ、電子を放り出してしまうだろう。

たとえ物体が、どんなに大きなエネルギーを持っていても、外力が作用しない限り、運動しないことを考えるべきである。もし球を、どんなに大きなエネルギーで充電しても、動かないが、もし1グラムの力でも作用すれば、対応する運動量が球に移る。

もし、電子が粒子であるとしても、また、他のすべてのエネルギーも、加速度を与える外力のない限り、役にたたないだろう。

しかし、波動であれば、電子は固有の波の構造を失わずに、場の内部で振動を維持する。これらの波形は、場を運動し、定常的に存続する性質を有する。つまり、電子とは、原子内に於ける定常波である。

ハイゼンベルグは、原子内の電子の運動を、すべて計算できないと感じ、この小さい電子が偏在する。言い換えれば、軌道の全ての場所に、存在すると考えた。あるときに、どの場所に、発見できるかを示すことができず、すべての点にあるので不確定性原理をつくった。

従って、いわゆるＫＬＭ軌道（原子内の電子の軌道）は原子の場の内の、定常な電子波に過ぎないのである。

各軌道は、特定の波の構造と、特定の周波数を有しており、この波動は、空間の同じ領域を占めるけれど、ラジオの場合のように、互いに干渉することはない。

以上のように、電子を波動と、みなさなくては、分子の結合力を説明することはできない」

現在の科学では電子は波であってまた、粒子でもあると説明しているが、こんな馬鹿な話はない。波であれば粒子ではないし、粒子であれば波ではないはずである。

量子論とか量子力学とかは皆さんも聞いたことがあると思うが、この学界では電子を粒子とみなす考え方が主流になっていて、やはりアインシュタイン理論と同じように不思議な世界が考えられている。

ある考え方では我々が観察しない限り、その物質の結果が決まらないという。何が何だかわからないが、極端にいうと夜空に浮かんでいるお月様も、我々が見ない限り存在しないということらしい。

なんだかお経の「色即是空、空即是色」のような感覚をおぼえる。（ここで断っておきたいのは、私はお経をバカにしているのではなく、たとえで紹介したまでで色即是空の意味は全く別の

ところにある）

また別の考え方では、我々の世界はその時々によってどんどん枝分かれしているという。身近なところでは、たとえばあなたが道路に捨ててあったバナナの皮に足を滑らせて転んだとする。あなたは「ちっくしょう！　いったい誰がこんな所にバナナの皮なんか捨てるんだ！」ときっと怒るだろう。ところがどっこい、あなたは咄嗟にバナナの皮をよけてそのまま歩いている他の世界があるそうだ。

このように瞬間瞬間で我々の世界は枝分かれしているそうで、自分と同じ人間が別の世界にたくさんいるそうである。これは電子を粒子と考えるところから来ていて、粒子だとすると原子の中の電子の場所を確定できないところからきている。（不確定性原理）

ここにシュレディンガー（「シュレディンガーの猫」で有名）という偉い物理学者がいて、彼は電子を波動だと定義し、〝シュレディンガーの方程式〟と呼ばれるものを作り上げた。これは様々なミクロの世界の謎を解明したばかりでなく、現在でも電子部品の製造などの応用面で威力を発揮していて、電子の運動をすべて説明できるものであった。

ところが、どこにでも偏屈な人間はいるもので、己の偏狭な考えや自分自身の保身のためにこれに反対する輩や、また反対しないまでも〝電子が波であるとしても、粒子であるということにもしよう〟という人々が現れた結果、現在では〝電子は波であり、粒子でもある〟といういい加滅なことになってしまったのである。

〝電子は粒子である〟という一つの理由付けは、スクリーン上に映る形にあるのだが、それは次のようなものだった。

電子をダブルスリット（二か所の隙間が縦に開いている障害壁）を間にしてスクリーンへ大量に照射すると、スクリーン上では縞模様に映るが、電子の数をどんどん少なくして行くと、スクリーン上にはまばらな点々が現れる。単にスクリーン上で点になったから、粒子だというわけだ。

しかし、私はこれでは電子が粒子であるという理由にはならないと思う。原因はスクリーン自体に問題があるのか、または電子の振動によって振れた何物かによって作られたと考えるべきであると思う。

そう考えなかったことによって〝別の世界に自分と同じ人間がいる〟とか〝自分が見るまで、物はそこには存在しない〟とかいうバカげた考え方が生まれたのである。

電子が粒子であると考えた人々は、本当はここで気がつくべきなのである。しかし、自分の誤った考えの上にたった理論であっても、長年のその研究で社会的地位や名誉を築いている人々にとっては死活問題であるので、潔くその理論を否定できないわけである。

そのあたりのことは専門書を読んで頂きたいが、もうバカバカしくてそれこそ話にもならないが、一般の皆さんには信じられないような話を真剣に議論している学者がなかにはいるのである。

こんなつまらない話をしていてもしようがないから、もう止めよう。

ビッグバン理論は天動説だ！

ここで、ビッグバン理論、膨張する宇宙の考え方の一つの証明と言われている赤方偏移について、ラムー船長の話を聞こう。

「我々の太陽系（恒星系）は、たくさんの恒星系が集まって、一つの銀河系を作っている。また、この銀河系がたくさん集まって、星雲を形作っている。たとえば、球形の四個の星雲があり、同じ軌道上を、反時計方向に回っていたとする（図E）。我々の銀河系がAの星雲にあったとしよう。すると、星雲Bは飛び去るように見えるし、星雲Cは我々とは、反対方向に離れて行くように見える。いっぽう、星雲Dは近づいて来るようにみえる。

この飛び去るように見えるのと、反対方向に離れて行くように見えるのが、赤方偏移として観測されるだけで、実際は、太陽系や銀河系が回転しているのと同じように、回転しているだけなのである。ただ、星雲の軌道は広大で、運動時間が長いために、観測が出来なかっただけである。この光学現象が、観測者に錯覚を起こさせているだけで、星雲のみかけの速度は、観測者の角度や、そのときの相対的軌道の占める位置によって、変わってくるのである」

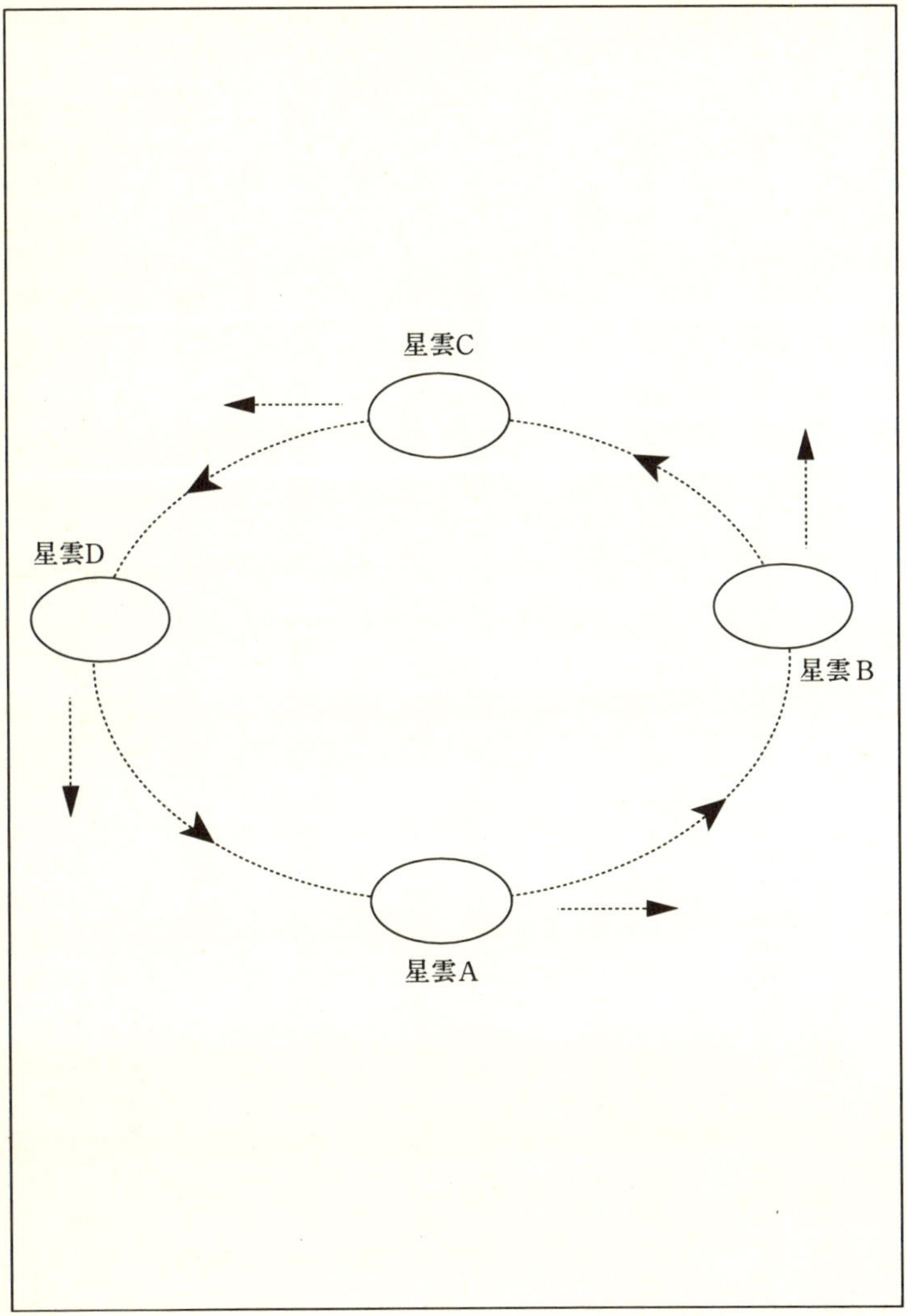

図E

ビッグバン理論によると、現在でも宇宙は膨張を続けているそうで、全ての銀河や星雲が遠ざかっているということであった。私がこの本を書くにあたっていろいろな本を参考に調べていると、じつは、我々の銀河系に近づいてくる星雲もあったのである。

それは、隣にあるアンドロメダ星雲で、秒速200キロメートルで近づいているのだそうだが、その理由がふるっている。近くの銀河なり星雲は、お互いの引力で引っぱられるからだというのだ。

しかし、これも不思議な話で、近くにあるものは近づいて、遠くにあるものは遠ざかるのであれば、我々の銀河系から遠くの場所にある二つの近い同士の銀河なり星雲はどうなるのだろうか。やはり近づくはずだ。

それぞれの銀河の近くにある銀河同士が近づくのであれば、全体の宇宙が膨張していることにはならなくなる。それとも我々の銀河とアンドロメダ星雲だけの二つが、この大宇宙の中で近づいているとでもいうのだろうか。

また、アンドロメダ星雲を引き付ける巨大な引力が、もし我々の銀河系にあるとするなら、我々の太陽系はとうの昔に銀河系の中心に引かれてぺしゃんこになっているだろう。まったく子供だましのような言いわけである。

ラムー船長は、図Eで我々の星雲がAと仮定していたが、これが星雲Bからでも、全く同様に観測されることを考えてもらいたい。これは星雲Cからでも、星雲Dからでも全く同様だ、ということである。

この自分たちがいる星雲のすぐ後からついてくる星雲が、現在、観測されて近づくように見えているアンドロメダ星雲なのだろう。

Cの星雲に住んでいる人から、我々のいるAの星雲を見れば、全体は回転運動をしているにもかかわらず、やはり離れ去って行くように見えるわけだ。これは観測者がどの星雲にいようと同じであるはずである。結局は錯覚に過ぎなかったわけである。

これで、近くにある星雲は近づいて、遠くにある星雲は遠ざかる等という理由づけは詭弁に過ぎないことがわかるはずだ。

地表近くをウロウロする程度の科学力しか持ち合わせていない人類が観測行為を行えば、天動説と同じようにどうしても自己中心的にならざるを得ないのかなあとも思ってしまう。

もう一つビッグバン理論で不思議に思うのは、宇宙のある一点で爆発が起こったということである。「芸術は爆発だ！」と昔だれかさんが言っていたが、ビッグバン理論も芸術の域まで高めたかったのだろうか。

さて、この一点を特異点というそうだが、ここに何か爆発する物質がなければならないわけで、いったい誰がその爆発物を特定の一カ所に置いてスイッチを押したのか？　という疑問だ。それにこの爆発物はいったいぜんたい、誰がどのように作ったというのだろうか。

宇宙空間は無限であるからこの一点はどこでもいいのだが、どうして最初の爆発を一カ所にしなければならないのか、一カ所ではなく二か所でも三カ所でも、いや百カ所でもいたるところでもよいのではないか。

一カ所にしなければならない理由は、ただ、この理論がアインシュタイン理論と赤方偏移だけを根拠にしているからで、赤方偏移が錯覚であるとすれば、この理論体系は崩れてくるわけだ。

また、この広大な宇宙空間の中に、どうしてたった一カ所だけに物質が誕生しなければならないのか。夏が終わって使われなくなったプールを見ても、プランクトンが発生するのは一カ所からではなく、プールの中のあらゆる所から発生するではないか。地球上のすべての生物は、最初、海から発生したということだが、この海から発生した生物の最初の形のバクテリアやプランクトンだって、やはり一カ所から発生したわけではなくあらゆるところから発生しているのである。

宇宙の発生については、また後で述べるとして、ビッグバン理論については、もうこの辺でやめておこう。

ちょっとややこしいが、これがビッグバン理論が理論として成り立たなくなるゆえんであることも、皆さんにわかって頂けたと思う。ガモフが、この理論を思いついてから、もう80年近くも経っているのだ。今の天体観測技術も当時と比べれば、雲泥の差があるはずである。こんな〝天動説理論〟は21世紀には通用しないのである。

宇宙の形成

宇宙はどのようにして生まれたのだろうか。ちょっと、取り留めのない話になってしまうかもしれないが、私の考えを述べてみよう。

私は先日、宇宙の誕生について、乏しい知識をフル稼働させながら、鋭敏とはお世辞にもいえない自分の頭脳を使って考えていたときに、ちょうどＮＨＫの「ためして　ガッテン！」という番組が放映されていたので、つい見入ってしまった。

それは、アルカリ食品と酸性食品についてのプログラムであった。一時、アルカリ食品やアルカリ化粧品といった、アルカリ性の製品がブームであったことは、皆さんにも記憶があるだろう。それが最近、聞かれなくなっているのは、アルカリ食品ばかり薦めていたのは、どうも間違いであった、といわれるようになってきたからなのだが、しかし必ずしも、そうもいえないということだった。

アルカリ食品も酸性食品も、食品自身の性質と、体内に入って燃焼されてからの性質は異なる。たとえばいい例が、梅干しである。梅干し自体は酸性であるが、体内に入って燃焼されると、こんどはアルカリ性に変わる。

アルカリ性食品でも酸性食品でも、どちらの食品にかたよった食事をしていても、人間の血液は常に7・4PHの中性を保っているそうだ。血液中のペーハーは7・4と一定で、もしこの値が大きくなったり、小さくなったりすると、動物は生きて行けないそうである。では血液のPHが常に7・4ならば、かたよった食事をしていてもいいのではないかと思えるが、やはりバランスのとれた食事をするのが望ましいということだった。

ここで、尿結石や腎臓結石の形成が、どのように引き起こされるのかのメカニズムを、実験も交えながら説明していた。何らかの理由で血液中のカルシウムが多い場合、余分なカルシウムは尿から排出されるが、このとき、酸性食品ばかり取っている人は、血液中を7・4PHに保つ人体システムによって、同じように酸性物質も多く排出される。

そこで、尿が酸性になると尿に溶け込んでいたカルシウムが結晶化される。だから結石が出来やすい体質の人には、アルカリ食品を取るように薦めているということであった。

この尿に溶け込んでいたカルシウムが、結晶化するところを実験映像で紹介していた。それは透明な液体がガラスの容器内に納まっているところへ、一滴、やはりなにか透明なしずくを落とすものだった。

それまで透明だった容器内の液体は、しずくが落ちると瞬間的に液体全体に白い小さな無数の点が浮き出て来た。そして、みるみるうちに、それぞれが小さな粒に成長した。

私は、これを見たとき、これだ！　宇宙もあらゆるところで、同時に生まれたのではないかと考えた。

ラムー船長によれば、原初の宇宙はただ空間だけが暗黒の闇の中で無限に広がっていたという。神なる宇宙霊が、全宇宙に波動を与えて磁気空間に変え、全宇宙のあらゆるところで磁場が発生し、それまで全宇宙に均等にあったなんらかの物が磁力によって引き寄せられ、物質を形成するようになった。

最初に出来た物質はもちろん、今でもあらゆる宇宙空間に存在している元素記号1番の水素だろう。その後、渦巻き流がはっきり現れて天体を作りあげた。(図F)

この磁場と渦巻き流とが結び付かないと考える人もいるかもしれないが、そんなことはない。

アメリカのオレゴン州にある磁気異常の名所、一般にオレゴンボルテックスといわれるポイントでは、身長が高く見えたり、真っすぐに立っても斜めに見えたりするそうである。

また、別のポイントでは、何の力も加えていないにもかかわらず、自然に車が坂道を登って行ったり、ボールを置いても坂の上に駆け上がって行く、という不思議な現象がみられる。

ここのあるポイントで虚空にタバコの煙を吹きかけると、煙は渦を巻いて下降して行くそうである。

また台風や竜巻なども地球の磁場にかかわっているし、大気圧も地球の磁場に影響される。

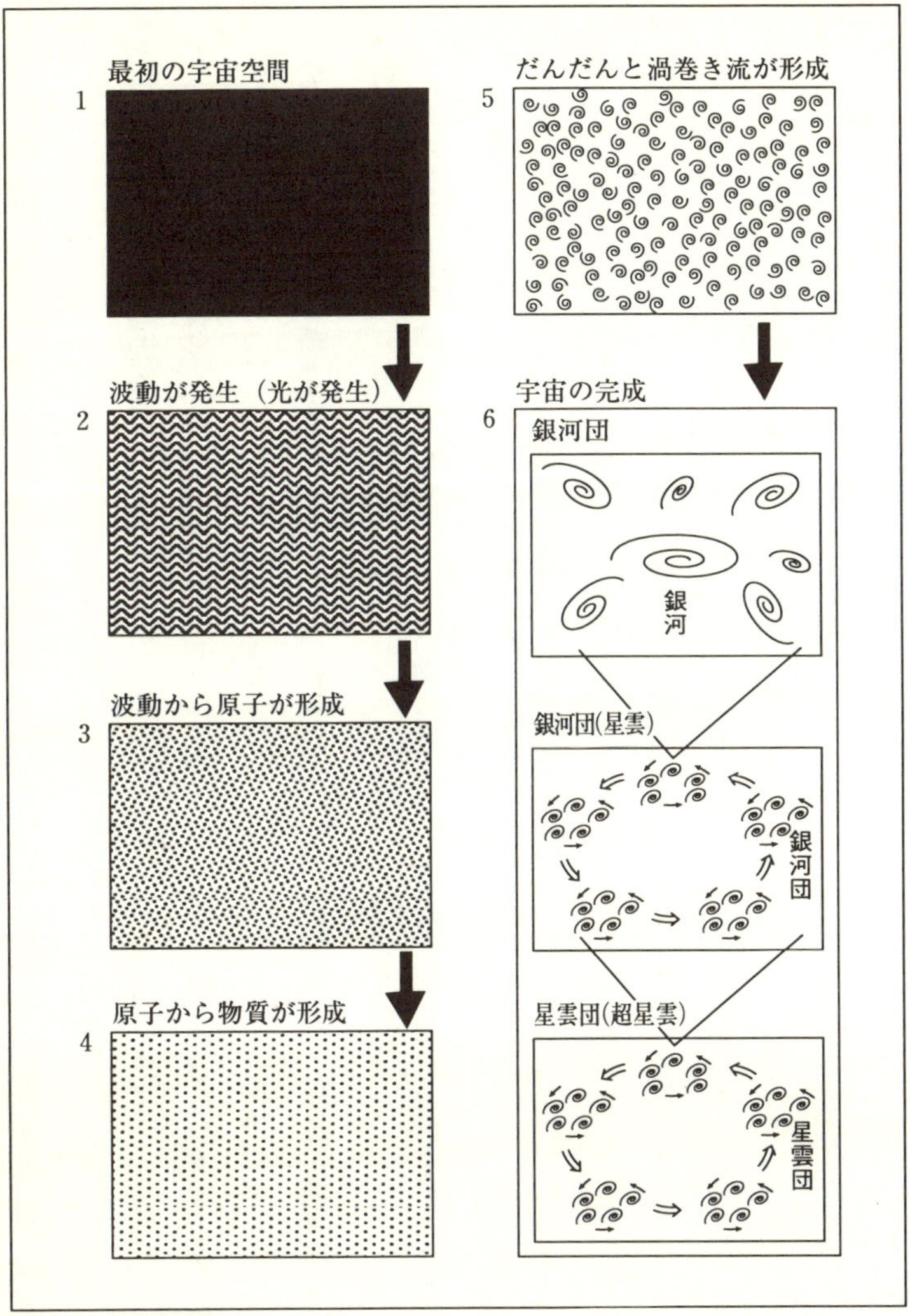
最初の宇宙空間
1
波動が発生（光が発生）
2
波動から原子が形成
3
原子から物質が形成
4
だんだんと渦巻き流が形成
5
宇宙の完成
6
銀河団
銀河
銀河団(星雲)
銀河団
星雲団(超星雲)
星雲団

図F　宇宙の発生

さて、物質というのは何から出来ているかというと、皆さんもご存じの、言わずと知れた原子である。では、原子は何から出来ているかというと、原子核と電子である。電子は「波の形態の電荷」だから波動である。

原子核は、陽子と中性子から出来ている。陽子はアップクォーク2個と、ダウンクォーク1個からなり、中性子はアップクォーク1個とダウンクォーク2個からなっている。

これらのクォークも波と電荷を持っていて、結局はすべてが波動なのだ。（振動と置き換えてもよい）

なんだか猿が〝らっきょ〟をむいていって、中に有るものを取ろうとしたら、結局なんにもなかった、といったようなものである。

究極的には物質は、すべて波動がいろいろな形に姿を変えたものに過ぎなかったのである。

原初、宇宙はただ空間だけが無限に広がっていたと先程述べた。この空間には光もなければ、ましてや時間もなかった。ここに神と呼ばれるものが、すべての宇宙空間に波動を与えた。

この波動によって暗黒の宇宙空間から、最初に光が現れた。まさに聖書の神が「光あれ！」といって光が現れたのと同じである。

光はこの波動による空間の歪みから出来たわけである。そして、この波動は原子を作り、そこから物質が生まれ、物質が成長して天体が形成された。

この波動は同時に磁場を形成して渦巻き流を作り、現在の宇宙が出来上がった、というわけである。

つまり、宇宙が始まった場所は一カ所ではなく宇宙のすべての場所で同時に始まったわけである。

だから私は全宇宙の始まりも、太陽系の発生とほぼ同じ時期に形成されたと考えている。従って宇宙の始まりは150億年前などではなく、せいぜいできてから現在の地球時間で50〜60億年くらいのものだろう。

ブラックホール

ブラックホールとは恒星がその寿命が尽きたとき、恒星自身が重力崩壊を起こし、最終的に2㎝くらいの物質になるということらしい。

ブラックホールはホイーラーという科学者が名付けたもので、それまでは〝完全に重力崩壊をした星〟と呼んでいたそうだ。

しかし、太陽でも全太陽系の惑星を引き付けるだけの引力がないわけであるから(物質を構成する原子はそれ自身プラス・マイナスの帯電で打ち消され平衡状態を保って存在できることは先述した)、いわれているように太陽よりも大きな恒星が最終的に2㎝くらいの物質になってブラックホールになるというのは間違いだとわかるが、だとすると、いったいどのようにして形成されたのだろうか。

真空は光を通さないから、なにかの具合である特定の場所が真空になったのだろうか。しかし、現在では宇宙空間は真空ではなく、多くの物質が満ちていることが知られているから、どこかに真空が自然にできるとは思われない。エドガー・ケイシーも真空は宇宙には存在しないと述べている。

私が考えるに、ブラックホールとは銀河系や星雲を支えている磁場の中心点（磁心）ではないかと思う。

太陽系ではその磁場の中心点（磁心）を中心として太陽系の全ての天体が公転しているわけだが、太陽系自体もまた、銀河系の磁場の磁心を中心に転道しているわけである。銀河系はその長さが10万光年といわれ、一千億個とも二千億個ともいわれる我々の太陽系と同じ恒星系を内包している。

この広大な磁場によって造られる銀河系の渦巻き流の中を、我々の太陽系は巡っているのである。

この銀河系もまた、たくさん集まって星雲を形成し、この星雲内でこの銀河系に与えられた軌道を転道しているのである。また、この星雲はたくさん集まって超星雲を形作り、この超星雲内でこの星雲に与えられた軌道を転道している。この宇宙はこの繰り返しが延々と続くわけである。

さて太陽系の磁心で光は曲げられるが、銀河系の磁心ではその数千億ともいわれる太陽系を含めた恒星系を引っ張る力は、太陽系の磁心の引力と比べると格段に大きいと思われる。

この巨大な引力を持つ銀河系の磁心が光を極端に曲げ、それにより光の進路がずれることによって不可視の部分を作り上げているのではないかと思う。従って、そこの場所が不可視であるために、遠方から観測すると黒く見えるというわけである。

ホーキングは〝多くの科学者はブラックホールを否定しているが、最近の観測によってブラックホールは証明されつつあり、宇宙には多くのブラックホールが存在する〟などと言っている。そして〝ブラックホールが存在すれば、そこにワームホールも存在し、タイムトラベルも可能である〟とまたまた空想の世界へ話が向かってしまう。

しかし、多くの科学者がいうように〝それはアインシュタインの一般相対性理論の極論だ〟というよりも、やはり私はアインシュタイン理論が元々間違っているのだから、そんなものはお話にもならないおとぎ話だと言いたい。

だから、そこに物質があるわけでもなく、また巨大な恒星が2㎝になって鎮座しているわけでもないのである。(図G)

もし、恒星が光を失って反撥力をなくしたときは、おそらく恒星は螺旋《らせん》状に磁心に引かれて行き、磁心に達したときはその強烈な引力によって大爆発を起こすものと思われる。

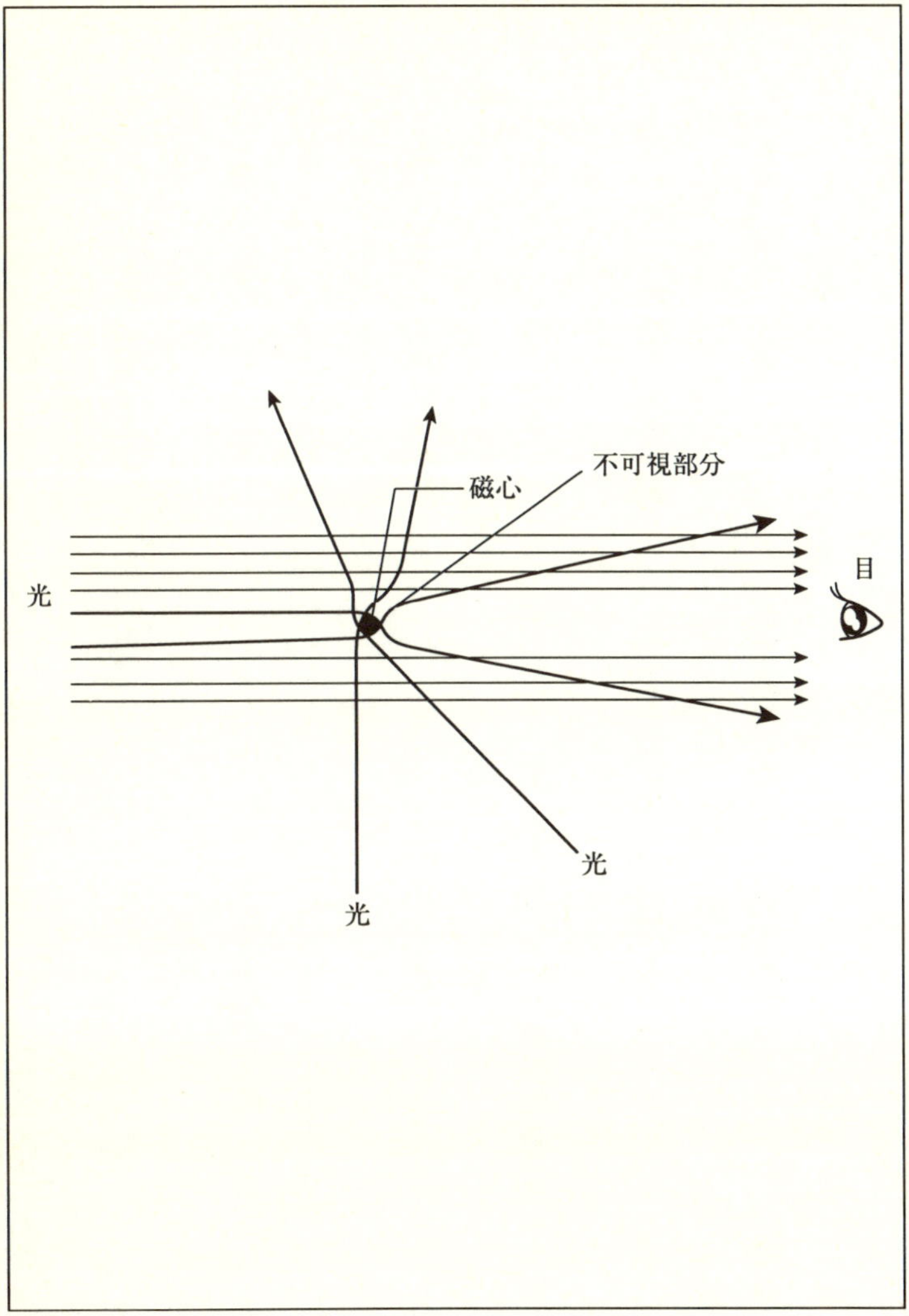

図G

時間のメカニズムの解明
――アインシュタイン理論の崩壊――

「時間は、宇宙には存在しない」といったら、皆さんはびっくりするだろうか。

正確にいうと、むしろ「時間は、宇宙空間には存在しない」といった方がいいだろう。皆さんは〝それならわかる〟と思うかもしれない。

この「時間」というものについてエドガー・ケイシーは次のような興味深い表現をしている。

「時間というものは本当はない。時間というものは、ただの方便に過ぎないのである」

私は長い間、この意味がわからなくて、悩み続けていたのだが、ラムー船長の話を聞いて目からウロコが取れる思いだった。

ガリレオ以来、全宇宙の絶対時間というものを人類は探し求めてきた。

我々は「時間」というものは、何もしなくとも全宇宙で自然に進んで行くものだ、という観念を捨て切れずに時間に固執してきた。ところが絶対時間などというものは、もともと存在しなかったのである。船長の話を次に示そう。

「時間とは、星の運動に基づく、単なる規則である。それは単に効果である。物体の運動、または、質点の加速度が力をよりどころとするなら、時間は力の結果であり、力が原因である。よって、力が変動し消費されると、それに応じて、時間も変動する」

「時間」とは、ただ単に物体(地球、太陽系、銀河系、天体すべてと、宇宙ステーション、スペースシャトル、UFO等、宇宙空間を航行するもの他すべて)が運動することによって結果的にもたらされる、単なる効果に過ぎなかったのである。

従って「時間」とは、物体の運動の力の大きさ（力積）によって常に変化している。

我々は、地球号という大宇宙を航行する宇宙船に乗っている。この地球号は時速1、660キロメートルで自転し、太陽系の軌道上を時速10万6000キロメートルで公転している。

さらにまた、太陽系は長さ10万光年といわれる銀河系の中で、端に寄った軌道上を時速160万kmといわれるスピードで回っている。

また、銀河系は星雲の中の軌道をおそらくこの100倍のスピードで転道しているだろう。星雲はまた超星雲内の軌道をこの何千倍のスピードで転道しているものと思われる。この超星雲の大宇宙内での転道のスピードは、おそらく地球上で見られる光の速度、秒速約30万kmをしのいでいると思う。

そして、これらの運動の結果として、我々が今感じている時間が進んでいるわけである。たとえば、我々が他の恒星系や銀河系にある惑星に行けば、地球の時間とは進みかたが異なるということになるだろう。

当然、地球との運動量が異なれば時間の進みかたも異なるわけである。すべての宇宙の、あちらこちらで、それぞれの天体の運動量によって、それぞれに時間は進んでいるのであって、宇宙全体の絶対時間などというものは幻に過ぎなかったのである。

「光」のところでラムー船長は「宇宙を光が行くのに遅れはない」といったことを思い出してもらいたい。

宇宙では光の速度は無限である。どうしてかは、ここまで読み進んできた皆さんなら気がついていると思うが、光は宇宙空間の変形であり、宇宙空間そのものには時間が存在しないからである。

*ここの〝宇宙空間の変形〟と〝宇宙空間自体は曲がっていない〟とが矛盾していると思うかもしれないが、多少意味あいが違うので簡単な説明を要するだろう。たとえば水晶に圧力を加えると一定の持続した振動を得られるが、光はこれと同じで、水晶が加えられた圧力に反発しようとする力が振動を発生させているのと同じようなもので、水晶が持続した振動を発生しているからといって、水晶自体が曲がっているわけではない。それと同じことである。光も同様に振動体で

あることは〝光〟の章で述べた。

宇宙空間を行く惑星には、先にも述べたように運動の結果として時間の進行がついてまわるが、宇宙空間そのものには時間の進行はないのである。

光が惑星に到達(光の速度は、宇宙空間では無限なので、到達という表現もおかしなものだが)してから、その惑星上の大気層の成り立ちによって、たとえば地球上では秒速約30万キロメートルという値が観測されるのであろう。

光は原子内の電子のように時間に従属しないのである。ここにアインシュタイン理論の大きな誤りがあったわけだ。

アインシュタインが、それまで考えられていた時間の絶対性を捨て、相対的な時間を思いつつたまではよかったが、相対的な時間を量るのに地球での絶対的時間(時間軸を一定に設定した時空図を使った)を基に考えたところに、この理論が宇宙では通用しないものであることがわかる。いわば「時間」という常に変化する実体のないモノサシと、「光」という時間に従属しないモノサシを使って、宇宙の運動を測ろうとしたのである。

アインシュタインは、この時間と空間を一つのものとして「時空」という概念を科学界にもたらしたが、私はこれによって科学が50年遅れたと考えている。

以後、科学界は今日まで「時空」という「時間の空論」ならぬ「机上の空論」を満足させるためだけに生まれてきたような「幻の理論」に踊らされて、アインシュタインの呪縛から解き放たれていない。

このアインシュタインの時空理論によって物体が際限なく縮んだり、質量が際限なく大きくなったりすると考えられたわけであるが、このときに〝本当に物質は実際に縮んだり、大きくなったりするのだろうか？〟と疑問に感じるのが常識から考えても普通である。

この時空理論の考え方で空間が歪むというものがあるが、空間はべつに曲がっているわけではない。

光は磁場によって曲げられるが、光が曲がっているからといって空間が曲がっているわけではないのである。

たとえば、光が空気中から水の中に入ると曲がるのは皆さんもご存じだろう。しかし、だからといって水が存在する空間が曲がっていないことはわかるはずだ。

手を水の中に入れても曲がって見えるが、これはただそのように見えるだけで、実際には手が変形していないことは誰にでもわかることだ。

光が宇宙空間を行くときに、宇宙空間に存在する磁場によって曲げられたからといって、宇宙空間が曲がっているわけでもないし、そこを航行する宇宙船が前後に縮んだり、大きくなったりと変形するわけではないのである。

結局のところ、この言葉のあやと、ごてごてとした難解な計算式にごまかされているだけなのだ。

しかしこの時空理論というアインシュタインの不思議な考え方が、その後の科学界に引き継がれてガモフはビッグバン理論を生み、ひいてはインフレーション宇宙なる荒唐無稽な理論が語られるようになったことは非常に嘆かわしい限りである。

このビッグバン理論やインフレーション理論もともに、全宇宙にも一方向に進む絶対的な時間があることを前提としているために、全宇宙の最初の始まりの一点（特異点）を考えざるを得なくなってくるのである。

先程簡単に説明したように、ビッグバン理論は宇宙のある一点で、ある日突然大爆発が起こり、今日ある宇宙ができたというもので、今までにおよそ１５０億年から２００億年経過しているそうである。

おまけに日本で考えられたというインフレーション理論になると、もっと凄いことになる。

これは、母宇宙がインフレーションを起こして子宇宙を作り、子宇宙が今度は孫宇宙を作るというもので、母宇宙と子宇宙、子宇宙と孫宇宙とは、それぞれ「ワームホール」なる摩訶不思議な時空を飛び越えてワープを可能にする穴で結ばれているそうだ。（このワームホールは丁度マ

ンガの〝犬夜叉〟に出てくる現代と戦国時代を結ぶ神社の古井戸を思い浮かべてもらうといいかもしれない）
そして、このワームホールは子宇宙が再びビッグバンを起こすと、切り離されて別々の宇宙になり、そして、その後は母宇宙から子宇宙へは、行き来ができなくなるそうである。
科学界は、この「時空」という、〈時間と空間は絶対に切り離すことができない〉というペテンに引っ掛かり、いつまで経っても、その幻想から解放されていないように思われる。
我々が住むこの宇宙の空間は、一万年前も一億年前も、今と全く変わりはないのである。
もちろん、地球も太陽系も、さらに銀河系も宇宙空間で回転運動をしているわけであるから、その運動の結果、その位置が宇宙空間の中で変わってくるのは当然である。〈宇宙空間が無限であることを考えるとき、この位置は何の意味も持たないが、ただ、その移動によってもたらされる他の天体からの影響は考える必要がある〉
しかし、だからといって、過去の空間が今の空間とは別のものだということではないのである。
宇宙空間は上下前後左右に無限であり、もちろん変形もしておらず、全てつながっているのである。よく科学者が宇宙の構造を考えて〝ひも宇宙〟であるとか〝ラッパ型宇宙〟であるとか、はたまた〝鞍《くら》型宇宙〟であるとかと、バカバカしい考えを披露しているが、これらは結局は誤った理論と、宇宙で運動している地球からのみしか現在では観測が出来ないという自己中心的観測による錯覚が生み出した産物で、これらは宇宙の実態からは程遠いものなのである。

我々がちょうど海外旅行（国内旅行でも）に行くように、地球が太陽の周りを巡って季節が変わるように、ただ宇宙の空間を旅しているのである。

違うところといえば、我々の旅行はすぐに終わるが、宇宙空間の旅は永遠に続くということだけである。

かの有名な車椅子の物理学者ホーキングに至っては、「無から宇宙が生まれた際、宇宙は虚数の時間を通ってきた」などと、もう全く理解に苦しむことを口にしている。

これは最近の天体観測から、宇宙の始まりの特異点を設定することが理論上難しくなってきたからで、ここでも自分たちの理論が危うくなってくると「虚数の時間」などとわけのわからない物を持ち出して繕おうとする。これは「電子」のところで説明した量子論の誤謬とまったく同じ屁理屈である。

ホーキングは宇宙の初めにビッグバンが起こり、その後には直ぐに現在の宇宙ができたといっており、ビッグバンが起こったのはマイナスの時間帯であるという。宇宙に物質が生まれる前、電子など波動だけが存在していたときは時間の進行がないわけで、マイナスの時間というのは一体全体どういう状態なのか意味不明である。

彼にはビッグバンに執着しなければならない何か特別な事情があるのだろうか。マイナスの時間などを考えるのであれば、いっそのこと〝ビッグバンはなかった〟と潔く否定すべきであったのだ。このへんがどうもふに落ちない。

そうしてホーキング自身は〝ビッグバン理論はこれで完成した〟などといってサッサとこの論争から撤退してしまった。

その後、彼はバチカンの法王と会って彼の業績に対して記念のメダリオンを授かったそうだが、法王から〝神が宇宙を作り給うたことは確かであるから、これ以上神の御業《みわざ》を詮索しないように〟というお言葉を頂いたなどとうそぶいている。

天体物理学だか天文物理学だか知らないが、こうなって来るとこれはフロイトの精神分析学の範疇だと思う。

宇宙が生まれる以前のマイナスの時間など、実際のところ想像も出来ないが、己の理論の誤謬が発覚するのを恐れて法王の権威を隠れみのにしようという心理が見え隠れして、なんだか空しくなってくる。

これ等アインシュタイン論者はみな、現実の天体現象を見ようとせず、誤った理論に盲従し、ただひとりよがりな机上の計算にのみ頼って宇宙の真理を解明しようという、傲慢な姿勢から生みだされているのである。

アインシュタインは、己の理論から派生したビッグバン理論やインフレーション理論については死ぬまで否定していたそうだが、どんなに後から理屈を並べてみても、誤った考えからは、誤った結論だけしか導きだせないのは当然のことである。

さてアインシュタインは、特殊相対性理論と一般相対性理論という、二つの理論を考えたわけだが、特殊相対性理論は慣性運動に、また一般相対性理論は加速度運動をする物体に対して作用するという。

しかし、ここで皆さんは不思議に思わないだろうか。宇宙を航行する宇宙船は、加速したり一定の速度で巡航したりを繰り返すはずである。その度に、一般相対性になったり、特殊相対性になったり、宇宙の法則がいちいち目まぐるしく変わるだろうか。

たとえば、地球から宇宙船を他の太陽系の惑星に向かって発射したとする。ここで、宇宙の審判員がストップウォッチを2つ持って待機し、その宇宙船が地球からスタートするのを今か今かと待っている。

まずロケットは加速して行くだろうから、加速度系のストップウォッチを押す。

地球を脱出し、ある程度速度が増して、一定速度で航行するようになると、今度は慣性系のストップウォッチに切り替える。

また加速して速度を上げてくると、今度はまた、加速度系のストップウォッチに切り替える。

宇宙の審判員も、宇宙船が加速したり巡航したりする度に、目まぐるしく二つのストップウォッチを使い分けなければならず、忙しくて大変である。

私なら宇宙の審判員になるのは、御免こうむりたい。

このようにアインシュタイン理論の都合によって宇宙の法則がいちいち変わるはずはないのである。

宇宙の法則は物体の運動いかんに合わせて、いちいち変わるはずはない。

「時間」こそが物体の運動に合わせて変わるのである。

では実際に時間はどのように進行するのか、身近な所から考えてみよう。

くり返すが、「時間」というのは物体の運動の結果、生じるものであるということを、もう一度、頭にたたき込んでおいてもらいたい。

まず地球上よりも地球上空の方が時間の進み方は遅い。これは上空の方が地球の自転によって、運動量（力積）が多少なりとも大きいからである。

たとえば、丸い皿を回転させれば、中心近くよりは外側の方が、同じ時間内では行く距離が長いのは理解出来ると思う。

また静止衛星よりも、現在NASAを中心に作られている地球を数時間で一周する宇宙ステーションの方が、もっと時間の進みぐあいが遅いだろう。

さて今度は、地球を離れて他の太陽系に向かったとしよう。地球を離れた宇宙船は、まず地球の時間体系から切り離される。

しかし、太陽系内に留まっている間は、銀河系内を運動する太陽系の時間体系に縛られるだろう。

このときの宇宙船内の時間の進みかたを考えると、銀河系内に於ける太陽系の運動量（力積）に、宇宙船自体の運動によって生じた力積をプラスした合計によって決まる。

また、太陽系を離れると、銀河系の時間体系に縛られる。銀河系を離れるとこんどは星雲の運動に基づく時間体系に縛られる。星雲はまたたくさん集まって超星雲をつくり、この大宇宙の中で運動している。

〝光の速度とは？〟のところでラムー船長の言葉を紹介したように、もし力が無限大に大きければ、そこには時間も空間も存在しないのである。

「時間」の進み具合は、宇宙のあらゆる場所で、それぞれの運動量によって、それぞれに決まって来るのである。

ついでながら、太陽系内の惑星の時間の進み具合を考えると、自転速度を一定と仮定して、火星は公転速度５４、０００マイル／時なので、地球の公転速度６６、０００マイル／時より遅く、時間は早く進んでいると思われるし、金星は公転速度７７、０００マイル／時なので、時間は遅く進んでいると思う。

極端にいえば、我々が火星に行って住めば、老け込むのが早く、金星に住めば、若さを保てるというわけである。まあもっとも、このくらいの運動量の違いではたいした差は現れないとは思うが。

神と魂

神の概念と魂の実態について、ラムー船長の話を聞こう。

「神の概念の最も簡単な定義を述べよう。神は、それ自体に平行な磁力線であり、垂直にそれ自体の上で振動していて、この振動が無限大の如きものである。

また神は、直線の交点がどこでも同時である、座標系の如きものである。磁力線である神は、座標系とみなせて、無限の線が、全ての方向に出ている。

従って、原点はあらゆる場所にあるので、全宇宙を、その原点とみなせる。力線が、その結果として、偏在の中心たらざるを得ないという事実、及びそれが神なる存在に含まれることは、神が内在的であることを示す」

「肉体に生命を与えているのは、魂であり、磁気的に肉体と結びついている。

ソレノイドに流れる電流は、磁場を生じ、鉄のコアを引きつける。どんな場も中心を持っていて、それの生じる力線によって、車として作用する。ひとたび鉄を引き付けると、ソレノイドはコアを引き付けたまま、どの方向へも向けられる。

不可視の結合力が保持されて、一平方センチメートルあたり、数千本の磁力線があるけれど、肉眼では見えない。

魂と肉体の関係は、ソレノイドと鉄のコアの関係に似ている。この場合、ソレノイドが肉体であり、その電流は、脳髄X線写真で測定できる。魂は鉄のコアに相当する。肉体の作る磁場が、阻害されたり、力線が切れたり、流れる電流が止まると、魂は肉体を去る。これが、死である。しかし、阻害を生じている損傷は、適当な装置で治しうる。磁場を復元して、魂はふたたび肉体中にもどる。

このためには、いたんだ部分を治す人間、または、植物のエクトプラズムを用いればよい。かくして、死はひとつの欠点であり、克服できる。

人間は永久に生きるわけではないが、少なくとも、メトセラの嫉妬まではゆく（1000歳）。メトセラは、大洪水が彼を呑み込んだので、それ以上生きられなかったけれど、人類が善であれば、宇宙力がその生命を保持するだろう。

常に変化する気候や、環境と戦いつづけることが出来なくなると、人間の種も、他の生物と同様に消えてゆく。太陽に老年と崩壊があるなら、人間の種にどうして、それがなかろうか。

人類には不可能なことでも、神には易しい。瞬間的に惑星に住民を与え得る。

神が地上に、新しい人間の種を出現させるべきであると定めれば、魂は地球自身のエクトプラズムを操作して、現在の人間の種よりも、はるかに優れた肉体を作り得る。これらの人間は、夢のような肉体と頭脳を有するだろう。これが、復活の作用である。

アダムは地球の塵、すなわちエクトプラズムから作られた。古代の種(北京原人やネアンデルタール人か?)は、その進化のエネルギーを使い尽くし、新種族を作り出す天の力の介在となったはずである。

このことは、イブの場合に非常にはっきりと描写されている。神は、アダムを深い眠りに落として、彼をエクトプラズムの媒体として用いて、これからイブをつくった。聖書の記述は、これを比喩的に表現している。万物は地球から生まれる。植物もエクトプラズムを有し、その根は土壌からエクトプラズムを引きだす。

必要であれば、神は大地から、十分な元素を引き出すであろう。物質を作った神が、エクトプラズムから人間を作る力を持つべきではないと考えるのは、神の力への軽視である」

ラムー船長の話から〝神〟が振動体のようなものか、または、その振動を与えたものであることは理解できる。偏在する力線のイメージとしては、一つの大きなガラスに描かれたホログラフの絵が、このガラスを細かく割ったとき、それぞれの割れたガラスに小さな全く同じ絵が見えるようなものだろうか。

しかし、神と魂の観念は非常に難解であり、様々な要素を含んでいてわからないことも多く、これだけで何冊もの本が書ける。ただ簡単に私の考えをいえば、神は宇宙霊ともいうべき振動からなっていて、この振動がすべての物質と全宇宙を創造したということである。

物質を形成する原子を分解して行けば最終的には振動であるからだ。ケイシーはこのことについて次のように表現している。

「波動（振動）が生命あるものの表現である」

私は前々から魂に関しては存在すると考えているし、仏教やキリスト教の思想やエドガー・ケイシーの著書から、輪廻転生の思想も受け入れている。

よくキリスト教で、神はここにもそこにも、あまねく存在していると言われるのも、この振動が全宇宙に行き渡っているからで、人間の魂もこの振動体の一部であると考えられる。

この振動は原初の宇宙に与えられて、全ての物質と全ての天体を造ったわけで、この振動は電子の振動と同じように時間には拘束されない。従って神も魂も時間には拘束されないことになる。だから神も魂も永遠であるということになるのではないか。

ラムー船長が述べた〝光とは原初の空間に自分自身を戻そうとする変形された空間である〟という話を思い起こしてほしい。

これはちょうど水晶に圧力を加えると、水晶がその圧力に反発して規則正しい振動を生み出すのに似ているではないか。

水晶はこの圧迫によって水晶が占有していた空間が侵されるのを嫌って、自分自身をその占有位置に戻そうとして振動を発生させる。

聖書には宇宙の初め神が〝光あれ！〟といって最初に光が生まれたとされている。

神と呼ばれるこの広大な大宇宙の意志が、ただの暗黒の空間に過ぎなかった宇宙の初めに何らかの作用を与えて、振動＝光が生まれたのではないだろうか。

この振動がなかったら物質も天体も作られず、宇宙は依然として、ただの空間に過ぎなかったわけである。

「時間のメカニズムの解明」のところでケイシーの言葉を引用したが、彼は〝時間というのは本当は存在しない〟と言っている。

我々の存在も元をただせば、時間には拘束されない振動からできているので、我々が実体と考えている物質は逆に本質ではないのかもしれない。それは物質を構成する原子の実態を考えてみればよくわかる。

もし原子の大きさを直径１００メートルとすると、原子核の大きさは僅かに1ミリメートルにすぎない。この原子核から約50メートル離れた空間を時間に従属しない電子の波が包んで、物質の実体としての表皮を形作っている。

これら時間に従属しない波動がひとたび物質としての実体をもつと、時間に従属するものとなることは誠に不思議な現象である。

我々はこの振動から生まれた実体のない幻のようなものなのだろうか。これこそが仏教でいうところの〝色即是空、空即是色〟の真の意味なのだろう。

ケイシーは霊の世界が本質で、我々が考える今過ごしている現実の世界はその影に過ぎないと述べている。

ケイシーは催眠状態になって霊視をするとき、アカシックレコードと呼ばれるものを見て、多くの人々の何回となく繰り返し生まれ変わってきた過去や、それによって形づくられた性癖や今生の全ての傾向を読み取ったということである。

これによって多くの人々が病いや悩みから解放されたことはケイシーに関する多くの著作からうかがえる。

面白いことにケイシーは、病気のほとんど全ては精神の歪みや、過去生も含めた本人の過去に原因があるということで、その精神状態も含めて治さない限り、病気は完全には治すことが出来ないとしている。

精神分析で有名なジークムント・フロイト博士も精神の病は、過去に起こった本人には耐え難い出来事を克服できないために現れて来るものと考えているし、疾病利得といって普通の病気の中にも、耐え難い事件や事実から自己逃避したいがために、本人自ら病気になることによって周囲からの同情やケアを受けたいという原因が考えられている。

このアカシックの記録《レコード》は我々がちょうどCDレコードに光レーザーで記録を刻むように、我々の日々の行動や考え方が宇宙にあまねく存在する波動に刻まれるということだが、ラムー船長が言っていた〝誰が悪意なく行動をするか見えざる目が注視していて……〟というのも同じような意味ではないかと思う。

ケイシーが言った〝時間というのはただの方便にすぎない〟というのとラムー船長が言った〝時間というのはただの規則である〟というのは、意味合いこそ違うが、どちらも同じことを表現しているのではないか。

ケイシーは霊的に捕らえ、ラムー船長は我々が現実と考える世界から捕らえたものであって、ものの見方が違うだけである。

本来、キリスト教も輪廻思想をもっていたのだが、西暦4世紀のヨーロッパの宗教会議で、当時の権力闘争のために否定されたに過ぎない。

ケイシーは敬虔なクリスチャンで、その魂が神に召されるまで毎年2回は、聖書を隅から隅まで読んでいたそうである。

最近、欧米では人間の体も一つの磁場と考えられるようになって来ている。ハリ治療や指圧は、人体に僅かに流れている電気の流れを正すもので、この流れが阻害されると、不健康になったり病気になったりするというものである。

人類への警告1

核の脅威

我々は、南極や北極の氷解の主な原因を、工場や自動車の排気ガスまたは、大規模な森林火災等による二酸化炭素の過剰な放出に求めている。しかし、ラムー船長は核実験等による放射能汚染に、その大きな原因が有るとしている。これが如何に重大な結果を地球にもたらすのか、驚くべき船長の話を聞こう。

「地軸の傾きが減じると、大きな変化が地球を襲う。その変化は地球史上にかって起こったことが有り、多くの大陸が海底に消えた。

これが、どのようにして再び起こるか教えよう。南極と同じく北極は氷で覆われている。多くの核爆発は、北半球で行われているので、その塵である放射性元素は、南極より北極に落ち着く。

放射能が磁気を反撥することは、よく知られている。そこで北極に放射性元素がふると、北極の磁場の影響で温度が上がり、氷冠が溶けて北極の質量の減少をもたらす。溶けた氷は全海洋に分布する。

一方の極での質量の減少は、遠心力に影響して地軸の傾きを変える。

これが起きると、太平洋、南太平洋に大陸が現れる。新大陸の質量が海水面を変化せしめ、標高の低い国々に洪水を起こす。現在の海流の方向も変わり、異なった環境条件をあたえる。

惑星は微妙な組織体である。一つの変化が多くの変化を引き起こす。生命の生物学的条件さえも変化する。

北極の質量変化は地軸傾角の減少を生じる。大陸を形成する遠心力を生じさせるのは、地球の自転である。

北半球の大陸の質量の存在があることから、現在の地球傾角の23度が生じている。

傾角が変わると、それに従って適当なバランスが回復されるまで、大陸が別の場所に現れる。

幾つかの大陸が現れるだろう。そうなると、ロシア北部、グリーンランド、カナダ北部は消滅するだろう。

北極が解氷する程の高温に達するまでは、この過程はゆっくりと起こるけれど、それからは一夜のうちに起こりうる。

これは地球を鳴動させる、恐ろしい大地震によってもたらされる。都市は廃墟となり、地球にはあちこちに、大きな亀裂がはしる。影響は悲劇的である。

私の出来る忠告は、少なくとも両極の放射能が均衡するように、南北両極が同程度の解氷をするような措置をとることである。これは、過度の質量不均衡を防ぎ、地球の螺旋運動に影響がなくなる。

北半球の海洋が異常に暖かくなるのに気づいたら、北半球での核爆発を中止しなさい」

「地軸の傾きがなくなると、生命は殲滅される。遠心力が地球の全地点に等分に分布すると、海底は大陸を越す高さになり、全ての大陸は沈没する。

地球の始めには、地軸は公転軌道に直行していて、地表は水面に覆われていた。生命が繁栄するように、神は地軸を傾け、遠心力が海上に大陸を生じせしめた。

当時は、惑星の周囲に高濃度の放射能があり、これが両極の地磁気と作用して、南北両極を熱していた。その後、放射能が減じると両極は冷えて、地軸が傾いたのである。

その後また、別の変化がにわかに起こり、海上の大陸は波の下に没して、別の大陸が別の場所に現れた。多数の動物がこのときに滅び、再び現れて増えたのである。

核爆発が、なぜ危険であるのか教えよう！

地球の大気上層部の層は、放射能のフィルターであるのみならず、地球を宇宙空間から守るのである。

太陽放射線が僅かに増えて、地上の生命を阻害し、人間を変え電波、気候を変えるならば、核爆発による地球の地表に飛び込む放射線の増加で、どんなに多くの害があるであろうか。

太陽の変動は周期的であり、波動の結果であるから、その影響はすぐに消えるけれど、核の塵は、浮遊して落下に時間がかかるから、放射能の影響は永続的である。

浮遊しているときは高層大気を損傷するし、落下すると万物を汚染する。惑星は微妙な有機体であり、自然のバランスが崩れると、無事には済まない。

余分な放射能は、人間の脳に影響し、著しく損傷する。間もなく、発狂する地球人が多くなるだろう。

核の使用は、そのときのために任命された天啓の騎士を放つだろう。

未知の元素が生まれ、植物を汚染し、結果として人間と動物を汚染する。海は汚染され魚が死ぬ。放射能雲から雨がふり、水源は汚染される。粒子のシャワーが地上に達し、穀物は枯れ、さらに大気層が変化するであろう。

惑星の安定は、気層の組成による。光の発生がとまり、太陽の光度が変わる。そのとき、気層はもはや太陽放射のフィルターの役目をしなくなり、太陽は黒変し、表現できぬ感じをうけるだろう。荘重な情景が見られるだろう。

光速度が秒速約30万㎞であるとした理論が、どんなに間違っていたかを知るのは、そのときである。毎秒数百万㎞の紫外線のエネルギーに、地球はさらされるであろう。

いっぽう、激烈な太陽エネルギーにもかかわらず、光は全くなくて、錆びた赤い光が、地表近くに有るのみである。

人類は恐るべき寒さに悩まされるが、化学線の輻射《ふくしゃ》で、その肉体は熱い鉄を当てられたように、燃えるように感じるだろう。このとき、太陽を見れば、目は損傷される。

上層大気が、地震を起こしたり、防いだりする。

これらの変動で、全地球は震え、都市は砂で作られた城が海の波によって簡単にくずれるように崩壊しよう。大地は震動し、空は暗くて燃えている。大波が海面に起こり、太陽エネルギーで強く圧縮される。南極と北極は太陽の大圧力をうけて溶け、海面が上昇し、海岸沿いの町は恐怖におののく。咆哮《ほうこう》する海と大地のうめきとで二重奏を奏でるだろう。

現在の核爆発は、すでに地球の平均気温を増加させ、毎年0・3度ずつ増加が続けば20年後には気温は6度あがる。

そうなれば上層大気の放射能は、極冠を溶かすのに十分であり、その結果として低地の市街を洪水にするのにも十分である。

核戦争が起これば、大混乱となろう。それ以後、両極の氷は溶ける。奇妙な病気が現れる。住民は生きた実験材料であり、世界にバラまかれた放射性元素を摂取して、肉体を守る元素を作る能力を失うだろう。

幼い子供と、生殖能力を失った老人は、白血病に侵される。ガンが急激に広まり、恐ろしい疫病が皮膚や目を襲い、治すことが出来ない。骨を蝕み、白血病をもたらす致死の害を、子供を育てる母親がもっていると知って、母親は泣くであろう。そのような苦しみに耐えられず、生を呪い、自暴自棄になり、多くの人々が自殺する。

そのとき、人類は神なき進歩がもたらした結果に愕然とする。狂人は街に出、不具者は至る所にあふれ、病院は満員で、墓地はいっぱい。食糧庫は空っぽで、数千万人もが戦争で死に、町は荒廃し、平野は汚染され、水は毒を含み、孤児はあふれ、大衆はテロ化し、伝染病はひろがり、神をそしり、悲しみと絶望がひろがってゆく。地上の人々は苦悶し、空では宇宙の法則がくつがえる。

このとき、核を積んだ大陸間弾道弾を使用すれば、人類は終わりである。光のきらめく一瞬の後に、炎の雲が地上の全生命を消しうる。なぜなら、ミサイルが他の大陸に行くには、純水素の存在する成層圏上空に上がるからである。

大気の上層では、核反応は異なる法則に従う。磁場は弱くて核爆弾は起爆しやすい。臨界質量および臨界距離は地上とは同じではない。上層の莫大な量の純水素は、確実にヘリウムへと変わり、全地球が燃える地獄となる。すべては、終わりである。たぶん、徐々に終わるよりは、まだましであろう。

放射性元素はタンパク質を変化させ、肝臓を攻撃する。放射性炭素は、物質交換を変化させる。通常は貧血を予防するコバルトが、放射能を有するときには血球を破壊する。放射性ストロンチウムは、カルシウムと結合して骨に影響を及ぼす。脳に濃縮されたリンは、運動神経の中枢に達して、放射性沃素《ようそ》は身体の主な線に入ってゆく。放射性アルミニウムとマグネシウムは性線に影響する。視床下部の崩壊により、人々は恐るべき飢えに苦しみ、また他の人々は制御できない性欲を感じる。甲状腺の機能が損なわれると、副腎線のバランスが崩れ、アドレナリン過剰か、全く分泌しない状態になる。

虎の場合、その存在がどう猛さに依存する副腎は、甲状腺の二倍あるが、人間の場合、甲状腺が大きく副腎は小さい。その関係は明らかである。

これら全てを可能性の領域にとどめるか、実現の領域にするかを決めるのは、あなたがた人類にかかっている。

人間は自由意志を持つ。それは、だれにも人間に命令することは出来ないということである。私の言えることは、そのような原因を作れば、結果として起こるであろうということのみである。

核爆発のテストが続けば、いつの日か戦争が起こるだろうし、放射能の増加をもたらすだろう。

いつまでも核爆発を続けさせれば、その狂気の結果がいつかは出るだろう。そのときになってからでは、もう遅いのである。だれでも電離層の最上層における、核爆発の効果を計算できるのなら、この愚行を終わらせるべく、ビルの屋上から大声で叫びたくなるだろう。

もし、そのように定まれば、我々自身が基地を空にして、地球にいる価値ある人々を移転させるだろう。我々は何千、何万という宇宙船を所有しており、一台で数千人を運ぶことができる。しかし、この地球から、誰を救うかを告げられるとき、高位者からの決定がない限り、介入することはできない。

正しき者を見捨てさせまい。というのも、見えざる目がこの地球を注視していて、だれが悪意なく行動するかを、十分に知っているからである。

また反対に、高位者から〝地球は破壊すべきである〟と決定されたのなら、この決定の知恵を信じて、躊躇なく命令を実行するだろう。

そのように決定されれば、高位者に聞き返したりはしない。

我々は、またたくまに、この地球上の全てを消すことができる。我々は手段を持っているし、どのように使うべきかも知っている。

地球の科学があと一世紀進歩して、もっと大きな破壊力を開発しうれば、我々の力がどんなに大きいものであるか理解できるだろう。

地球人類が数学の知識を持っていなかった時代にも、宇宙エネルギーを推力として惑星間飛行をしていたのである。

人類の愚行が太陽系の安定を脅かして、他の惑星の生命を危険にさらすことは、正しいことではない。

新しい第二の太陽の侵入は、地球の水素のカバーの爆発より危険は少なかろう。

もし、水素カバーの爆発が起これば、いくつかの有人惑星の大破壊をもたらすだろう。力の不均衡が急速に起これば、他の多くの惑星にとって致命的である。

そのとき、たった一つの防止策があるが、地球は不毛となる。

しかし、そんな大事な決定をする立場に私はいないし、いかなる惑星の、いかなる住民もまた然りである。

人類が宇宙において最も進んだ文明を持っていると考えるのをやめ、その自惚れから作られた台座から降りて、科学者は一度立ち止まって謙虚に考えるべきである。

地球の指導者は弱者を抑圧してきたので、さらに強い何者かが、彼らを黙らせる時が来ようとは考えつかない。しかし、悟る時は来ているのである。

他の惑星の征服と、その住民の鎮圧は非現実的である。これは問題外の高所にあり、そんなことをすれば自殺行為に等しい。
塔を作って天に達しようとしたバベルの民に、どのようなことが起こったかを想い出してほしい。今日、この塔は地球の科学によって、再び天を脅かしている。それを崩す必要のないことを祈るのみである」

何という凄まじい予見だろう。ラムー船長の話だと、これらのことはまだ可能性としての未来の姿であって、我々人類の行い如何で変わり得ると取れるが、聖書でこの状況を表していると思われる預言があるので次に示そう。

「これらの日の苦難に続いて、すぐに太陽は暗くなり、月は光を放たず、星は天から落ち、天の万象がゆり動かされます。そのとき、人の子のしるしが天に現れます。すると地上のあらゆる民が感泣しながら、人の子が輝かしい栄光とともに、天の雲に乗ってくるのを見るでしょう。
人の子は、大きなラッパの音とともに、天使を遣わします。そして天使達は地の果てから果てまで、四方よりその選ばれた民を集めるでしょう」
（マタイ福音書24―29～31）

ラムー船長の話を聞いたあとで、この詩をみると、ほとんど全ての意味がわかると思うので解説はしない。

星が天から落ちる、というところだけ違うじゃないかと皆さんは思うだろうが、この後につづく人類への警告2の所を見て頂ければわかるだろう。

この預言詩はかなり有名で、多くの方々によって引用されているが、キリスト教徒にとっては一種特別な意味がある。

それは、この世の中が千年王国を迎える前の最後の審判が起こるとき、キリスト教徒だけは救われるというもので、その方法が、天使が彼らを一時的にどこかに保護するという空中携挙《けいきょ》と呼ばれるものだ。その様子を聖書から引用しよう。


「畑に男が二人いると一人はとられ、一人は残されます。二人の女が臼をひいていると、一人はとられ、一人は残されます」

（マタイ伝24—40）


キリスト教徒は自分たちだけが救われると思っているようだが、私は実はラムー船長の話を聞いてホッとしている。私が「正しき者」かどうかは別にして、救われる人々の中には彼らキリスト教徒だけでなく、宗教とは無関係の「正しき者」も含まれるからである。

この空中携挙がどのような形で行われるか、ラムー船長の話から推察できるが、結局、天使と呼ばれている人々は、船長のように太陽系の他の惑星からやって来る我々人類の同朋にほかならないのである。

異星人のことを実は彼らは爬虫類から進化した生物であるとか、グレイのような不気味な存在であるといっている人達は、異星人を敵視している。

なかにはその醜悪な姿から想像して、彼らの正体は実は悪魔である等と暗に示唆している者までいる。

悪魔とはラムー船長の言うように、実は人間の無知や厚顔と不当な欲望や自分さえよければ他人はどうなってもかまわないというような身勝手な心から生まれてくるもので、本当は存在しないのである。

この悪魔と呼ばれるものにはルシファーであるとかベルゼベブであるとかと多くの名前がついているようだが、なかにはこの聖書の話を真に受けて、どこかに実際に存在しているのだと考える偏執病的な人々もいるが、聖書の話は人間の心の悪をたとえで戒めているだけなのだ。

悪はただ人間の心から生み出されて来るものに過ぎないのである。ただし、悪魔自体は存在しないが、悪魔の心を持った人間の魂は存在するわけで、これには非常に注意する必要がある。

この異星人アレルギーともいえる現象がアメリカで最初に起きたのは、皆さんもご存じだとは思うが、米国の放送作家であり俳優でもある「市民ケイン」で有名なオーソン・ウェルズが、戦前にラジオで「火星人の襲来」を放送したことに始まる。

このとき、ストーリーの中にニュース放送の一場面があり、この放送が本物のニュースと勘違いされたために、全米で大騒ぎとなり、米国市民の間で数千人もの自殺者を出している。これによってウェルズは大きな汚点を残したにもかかわらず、責任の所在は問われず、かえって彼は名声を博した。

その後ウェルズがどのような行動をとったのか、どのように受け止めていたのかは知らないが、まったくひどい話である。

これらのこともあって異星人の悪いイメージがアメリカ市民の間に植え付けられてしまったことは非常に残念である。

古代の人々は異星人を天使とか神（ラムー船長の言うように〝神〟とは異星人類ではなく霊的な存在）とかいって親しみ、頻繁に交流していたのに、現在ではバケものとか悪魔のような敵対する存在にさせられてしまっている。

これを利用しているのが世界の富と権力を握っている一部の人達で、彼らは新しい世界の到来を自分たちの没落と考えて拒絶している。

だからこそイエス・キリストは、富んだ金持ちの人々が天国（新しい太陽系の地球）に入るのはラクダが針の穴を通るよりも難しいといったのだ。

さてラムー船長も心配しているように、異星人は皆地球人の核の使用に対して非常に敏感になっている。それは地球のみならず最悪の場合他の惑星にも危害が及ぶからであるのは船長の話からわかるが、核が開発されたのも戦争が原因であることは皆さんも良く知っていることだろう。

前世紀の20世紀は戦争の世紀と呼ばれた。一次、二次の両世界大戦を通して、数千万人もの人命が失われ、その後も、今日に至るまで世界各地で紛争が続いて、多くの命が失われている。

人類はいつになったら、争いを止めるのだろうか。

インドとパキスタンは、あい変わらず敵対関係にあり、両国共核実験を行って核保有国の仲間入りをしたことは、記憶に新しい。

ユーゴスラビアでは民族紛争で多数の一般市民が虐殺された。

中東ではユダヤ人とパレスチナ人が、イスラエル建国以来殺し合いをしている。

アフリカでもあちらこちらで紛争が起きて、多くの難民が餓死した。

ソ連邦崩壊後、ロシア国内の各地で民族紛争が起き、多くの人々が命を落としている。

全世界各地で人類はあいも変わらず、殺しあいをしているのだ。いったいいつになったら目が覚めるのだろうか。

人間や民族が自分自身のためだけの利益を追い求めている限り、これは難しいと言わざるを得ないのだろうか。

これは有名な話であるが、今から40年近く前（1961年頃）、アメリカ合衆国が地球大気上層部での核実験を計画したというのだ。ラムー船長の話を知っていれば、もちろんこんな馬鹿なことは計画しなかっただろうが、これが成功していれば、いま頃は我々も存在していなかったのかもしれない。

このとき、軍関係者や政府上層部の人々が見守るなか、弾頭に核爆弾を積んだ巨大なロケットが発射された。発射されてしばらくすると、なんと突然、巨大なUFOが現れ、ロケット先端の核爆弾のみを持ち去り、いずこへとも消えていったというのだ。それを見ていた高官達はア然として、声も出なかったという。

これをみても、彼ら異星人が人類に敵対している存在ではないことがわかる。一部のUFO研究家に、偽情報に踊らされて、異星人は人類と異なったバケ物のような存在であるとか、人類を征服しようとしているとか、全く逆の情報を信じている人がいるのは困ったものだ。これが本人だけの問題であればまだしも、それを本に著して一般の人々にまで、悪いイメージを植え付けるのは、人類にとって決してプラスにはならない。

アポロ13号の事故は映画にもなったので、皆さんも良く知っていることと思うが、実はこれも米国が月面上で、核を使用しようとしたことが原因になっているようだ。

アポロ13号は核を積んでいたので、月に基地を営む異星人がいち早く察知して、それを取り除いたというのだ。異星人はアポロ13号を破壊することもできたのに、乗組員を助けるために、わざわざ、その核だけを取り除いたのだ。

宇宙にでると、スペースシャトルや宇宙ステーションがよくＵＦＯと遭遇しているが、地球人はこのように何をしでかすかわからない危なっかしい存在なのだから、彼ら異星人が監視しようとするのも当然なのである。

アポロ13号は、ラムー船長の話から考えれば、異星人の月面基地を奇襲して破壊しようとしたのだろうか。

基本的に異星人は、人類のように攻撃用兵器は持たず、自衛手段だけをとるので、米国は核兵器を使えば月面基地など木っ端みじんに出来るとでも考えていたのだろうか。そうすれば月もアメリカ合衆国で独り占めでき、月に埋蔵されているレアメタルやその他の貴重な資源から莫大な利益が見込めると考えたのだろう。全く浅はかな考えである。

その証拠に、アメリカ合衆国はアポロ計画であれだけの莫大な資金をつぎ込んだにもかかわらず、アポロ16号の後以来、月への関心をいまでは奇麗さっぱり忘れたかのように月に関することには一切音沙汰がないのも頷ける。

月には異星人の基地があったからＮＡＳＡでは占領できなくなったため、こんどは火星にしようということになって今では火星が注目されているようだ。しかし、火星にだって我々よりはるかに進歩した人々が住んでいるのだから、これまでのように好戦的な姿勢ではやはり月のときの二の舞いだろう。

1952年に、アメリカ合衆国の議事堂上空に多数のUFOが出現した。このとき、アメリカ政府では、空軍が出動して蜂の子をつついたような、てんやわんやの大騒ぎになった。そして、その2年後、アイゼンハワー大統領は異星人と会見している。

私は、この会見はおそらくアダムスキーが仲介していると思うが、このとき、異星人は核実験を含むすべての原子力開発の中止を迫ったということである。

さらにその翌年の1955年、大統領はスイスのジュネーブで、米ソ英仏の四大国巨頭会議を開催したが、この会議の内容は、どうも異星人からの要請に対する対策を協議するためのものだったらしい。その証拠に、巨頭会議が始まった日の朝日新聞の朝刊トピックス欄に、次のような記事が掲載された。

「世界惑星協会ではこのほど、四大国巨頭会議を開くことに決定したのには〝秘密の理由〟があると発表した。これは同協会から四巨頭にあてた覚え書きのうちに述べられているが、同協会総裁ナホン教授の語るところによると、その秘密の理由とは、ある惑星の住民から〝英国とソ連の原子力工場を破壊する〟と地球に警告がよせられており、これといかに折衝するかを討議するためだそうだ。覚え書きは〝原子力の利用は平和目的であっても宇宙の破壊をもたらすものであり、惑星の住民はよくこの危険を知っている。そしてこれらの惑星からの攻撃を阻止する唯一の方法は原子力を放棄することだ〟と述べている」

異星人はもちろんこのとき、地球を攻撃するするつもりは毛頭なかっただろうし、わざと地球側がそのように喧伝したのかもしれない。異星人にとってみれば、ただ人類自身をも滅亡の危機にさらす、核という存在の脅威を訴えたかっただけなのだ。

しかし、ラムー船長が言っているように、異星人にまで人類の核の脅威が及べば、そのときはどのような形になるかはわからないが、介入して来るだろう。

これがどのような形になるかは、人類の選択いかんにかかっているのである。

アイゼンハワーの後、ケネディーが大統領になったが、彼はアダムスキーを仲立ちとして異星人と会っている。ケネディーはその後、理想主義政策を打ち出し、その政策を推し進めるべく、他の惑星の同朋と手を取り合って理想社会の実現を目指そうとして、国民に重大発表をする直前、凶弾に倒れた。これをみると、アメリカ合衆国の支配者階級が、明らかに異星人の提案に対して拒否反応を示していることがわかる。

それはそうだろう、石油の富によって世界を支配し、人を支配し、豪奢な生活を営んでいる人々にとっては、全ての人々にとっての理想的な社会の実現というのは、自らの没落を意味しているからだ。

その後、レーガン大統領のとき、ＳＤＩ宇宙防衛構想を発表し、もし他の惑星からの攻撃があれば、地球人類は一致団結してこれにあたらなければならないとレーガンは述べている。これは明らかに異星人敵視政策であるとわかるが、我々一般市民はこれを断固拒否しなければならないだろう。

現在、世界最強の大国となった米国が、他の惑星人類をどのように考えているのかは知らないが「異星人は爬虫類から発達した不気味な存在」とか、「目玉が真っ黒で、目が吊り上がった感情のない存在」であるという映画や偽情報が最近益々喧伝されているところをみると、どうも悲観的にならざるを得ないのだろうか。

先日、石原慎太郎都知事が中東の湾岸戦争について日曜の朝のテレビ番組で裏話をしていたが、この戦争は、実は米国が画策したものであったというのだ。

米国の駐在イラク女性大使のこの話は私も知っていたが、イラクがクウェートに侵攻する件について米国の態度をイラク高官が尋ねたところ、女性大使はそれに答えて、米国はこの地域には一切興味がなく、イラクが侵攻しても介入はしないと返答したそうだ。このお墨付きによって、フセインは安心して軍隊を動かせたわけである。

しかし、これが大きな間違いであったことは皆さんもご存じのとおりだろう。

米国は石油の利権を守るために、中東に軍隊を駐留させることを考えていたのだが、勝手に軍隊を派遣すれば中東諸国や国内外の世論から大きな反発を受けるので、イラクをうまく利用したということだ。結局、中東諸国や世界世論も米国の戦略に踊らされたわけだ。

一番馬鹿を見たのは日本で、石原知事は、国民一人あたり140万円もの金を出し、日本の軍事機密である赤外線暗視装置をただで提供し、日本から戦闘に人を出さなかったからといって、なんで当時の首相である海部国会議員がわざわざ米国にまで行って謝罪しなければならないのか、と物凄いけんまくで怒っていた。

日本の政治家は世界の実情を知らないし、また情報収集や情報分析も出来ないため、日本の国家戦略も練ることができないとも知事は批判していた。

これは我々一般市民にもいえることで、偽情報に惑わされず真実はどこにあるのかを見極める目が必要だ。

ラムー船長は放射能が我々の住むこの大自然や地球、また人類自身にとって、どんなに害を及ぼすものであるか警告しているが、日本の核武装などという考え方が、この話だけでもいかに馬鹿げているのかがわかる。どのみち核ロケットなぞは使えないのである。使えば人類はおしまいなのである。

私は常々思っているのだが、地震の多い日本で原子力発電所を設けることは非常に危険であると思う。

もし地震によって発電所が破壊されれば、どんなに大きな被害が出るだろうか。ソ連邦のチェルノブイリで原発事故が起こった後、広大な地域が放射能で汚染され人が住めないようになった。ロシアには広大な土地があるのでまだいいが、これが日本で起これば、日本にはもう住む所がなくなるだろう。

皆さんの中にはご存じの方もいると思うが、ドイツではすでに原子力発電を廃棄する方向に進んでおり、他の代替エネルギーの開発を着々と進めている。

日本で使用されるエネルギーの三分の一は原子力発電に頼っているが、これは早急に見直しが必要だ。やはり、他の惑星人がＵＦＯ等に用いている電磁式動力を考えるべきだろう。

日本の技術には世界に冠たるものがある。トランジスターや小型計算機、液晶や光ファイバーなど世界初の技術はまだまだ他にもたくさんある。最近、テレビの宣伝にも使われている、世界初の二足歩行ロボットなども皆さんはご存じだろう。

南アフリカのバシル・バンデンバーグという人は、アダムスキーが金星人と会ったことを伝え聞いて、わざわざアメリカまで彼に会いにいった。そしてバンデンバーグはアダムスキーから、金星人のくつ底の模様の写しをもらい、その模様から燃料の要らない永久動力機関を発明した。

彼自身も後から異星人に会って、動力機関の製作に関して指導を受けたそうだが、理屈がわかれば「なーんだこんなことは小学生でもわかることじゃあないか」と言っていたそうだ。

バンデンバーグはアダムスキーが制止するのも聞かず、その発明品を新聞記者に触れ回って発表しようとしたが、これが石油メジャーの知るところとなって、拉致されたとも、身の危険を感じて遁走したともいわれていて、行方知れずになっているということである。

さて、この資源の少ない日本にこそ永久動力機関は必要で、日本にはその技術力も人材も資金もそろっている。ただこの動力機関の開発に資金を注ぎ込むという、決断をすれば良いことである。民間の機関では隠密裏に研究されているという話もちらほら聞かれるが、政府も本腰を入れて取り組んでもらいたい。

近頃、未成年者や青少年による凶悪犯罪が益々増えているが、その原因を求めて大人達はやれ社会が悪いの、やれ教育が悪いの、はたまた親が悪いのと取り沙汰していて、なかには〝おかしな人はどこにでもいるものだ〟と簡単に切って捨てるものもいる。

その通り、いつの世の中にも〝おかしい〟と呼ばれた可哀想な人々は居ただろう。

しかし最近の日本も含めた世界の青少年による犯罪傾向が、尋常なものではなくなってきているように思うのは私ひとりではあるまい。

やはり、ラムー船長がいうように今までの核実験や原子力発電所の事故による放射能の塵が、若い発育途上にある青少年の脳を侵して狂人にしてしまったのだろうか。

船長はこの地球は微妙な有機体であるといっている。人間が目先の利益や己の我欲だけで地球の自然に手をつければ、船長が言うようにただでは済まないだろう。

日本で今騒がれている諫早湾の問題も、この自然がどんなにデリケートなものであるのかを我々に訴えかけている。人類が我欲や自己の利益のみ満足させるために自然破壊を行ってゆけばその顛末は明らかである。

あのテレビのスクリーン上に映しだされた、閉じられた水門の中でのたうちまわるムツゴロウやカニたちが、我々人類の未来の姿にダブッて見えるのは考え過ぎだろうか。

人類への警告2

太陽系惑星の大変位

ラムー船長は、我々の住むこの太陽系惑星の軌道が大幅に変わることを予告している。

これは、必ず起こることだと言っているのだが、我々にはこの難局に対処するためのしっかりとした認識が必要だろう。

「もう一つの太陽が、間もなく我々の太陽系に入るだろう。幸運にも二つの太陽を有する恒星系になる。それは、カニ座の方向に見えるようになる巨大な天体である。

はじめは太陽のように光を出さず、我々の太陽系のような二次的磁場に入ったときにのみ、明るくなる天体である。そのような場に入ると回転しはじめる。

あらかじめ光を発生しているのなら、その光は反撥力を与えるので、進路から逸れる。しかし光を発生していないとき、反撥力にあうが、運動量があるから確実にこの太陽系に入ってくる。

それは最初、赤い光として見えはじめ、後に青く見えるようになる。この第二の太陽の反撥力と、それの出す光と大きい質量は、現在の太陽を太陽系の磁心から大きく移動させる。

それから二個の太陽は新しい軌道に落ち着き、質量が大きく、光の少ない方の太陽が磁心近くに位置するだろう。

この二つの太陽は、難しい問題を持ち込む。それは、太陽系惑星の軌道を変化させることである。

これによって、水星は、金星と地球の現在の軌道の間に入り込む。金星は、地球と火星の現在の軌道の間に移行する。

第二の太陽が、最終の軌道に落ち着く前に、地球はその影響をうける。この天体の光が増すにつれ、光圧は月を地球の軌道から外し、月が惑星となるような軌道に落ち着く。

この移動で月は、地球のエーテル質量の一部を持ち去り、そのおかげで安定した運行を得る。

地球は二つの太陽の圧力のもとで、小惑星が現在占めている領域に移動する。

手短にいえば、太陽系惑星の全般的変位が起こるのである。

冥王星は、我々の太陽系から弾き出され、新しい恒星系に落ち着くまで、さすらいの旅にでる。

火星の衛星の一つは、軌道から飛びだし、これは相対的に密度の高い天体であるから、太陽系の外に向かうより中心に引かれる。

その軌道は、地球の衛星のようなものになる。

しかし、太陽系が、進入する太陽に接触するときの、その太陽の進入方向に全てがかかっている。

それが、火星の衛星を、地球の公転の反対方向に向かわせるように起これば、地球のエーテルのカバーに触れたときのショックで、その火星の衛星は粉々になる。

これが公転方向に起これば、地球の衛星となる。もし粉々になったとしても、地球自体にはこの衝撃の影響はうけない。というのは、エーテルのカバーが保護するからである。

しかし、このとき、我々の計算によれば、岩石のシャワーが地球の表面に到達すると思われる。主に、ヨーロッパ、北アフリカ、小アジア（トルコ近辺）、南米の北部、および北米の南部にである。

この火星の衛星は、それぞれ50ポンド（23kgくらい）ほどの破片へと変わり、これらの地域を荒廃させる。

その後、全ては通常に戻り、我々は旅行すべき新しい天体を持ち、あなたがたは新しい地球を得るだろう。

地球は新しい光源で、新しい千年のサイクルをスタートさせるだろう。

このとき、多数の人々が地表から消えるが、神の法則に従う小さな集団が残り、現在の悩みも終わるだろう。

そこには、平和と豊かさ、正義と愛があるだろう。不正の魂は、受けるべき罰を受け、正義の人々は報酬を得るのである。

このとき、正義の勝利を多くの人々が理解し、神が罪人をすぐに罰しなかった理由がわかる。

この天体の太陽系への進入は、輝かしい〝正義の太陽〟の到来を告げるサインとなるだろう。

我々はこの天体の進入がもたらす、全ての影響を研究している。適当な装置で、電磁気パルスを送って、太陽系外で白熱化し、太陽系内に入ることを防ぐこともできる。

しかし、進入を妨げることは、神の意志に逆らうことであろうし、地球に存在する不正を、いつまでも続かせることになる。

良心を持つ人々、および創造者とともに平和にある人々は、何も恐れる必要はない。来させるがよい。我々は、研究するために地球に来たが、悲劇を避け、平和に生きるように、必死に教えるためにも来たのである」

ラムー船長の「核の脅威」への警告は、可能性は小さいとはいえ、まだ我々に回避するチャンスがあることを訴えているが、第二の太陽の進入は我々地球人類の力ではどうすることも出来ない問題だ。船長ら異星人にとっては、核の脅威の方がより大きな問題であろうが、彼らのような科学力を持たない我々人類にとってこれは大変深刻である。

ここで聖書のなかでペテロが〝終わりの日〟の様子を語っているので引用してみよう。

「終わりの日には、あざける者たちがやって来て嘲《あざけ》り、欲望のままに生活し、こう言うだろう。〝キリスト降臨の約束はどこにあるのだ。先祖たちが眠ったときからこのかた、何事も創造の初めからのままではないか〟このように言う人々は、次のことを見落としている。天は古い昔からあり、地は神の言葉によって水から出て水から成ったのであり、当時の世界はその水によって洪水に覆われてしまったのである。

しかし、今の天と地は同じ神の言葉によって火に焼かれるためにとっておかれ、不敬虔な人々の裁きと滅びの日まで保たれているのである。だが愛する人たちよ、あなた方はこのことを見落としてはならない。

主の御前では一日は1000年のようであり、1000年は一日のようである。

主は、ある人々が遅いと思っているように、その約束事を遅らせているのではない。むしろ、あなたがたに忍耐強くあられるのであって、一人たりとも滅びることを望まず全ての人が悔い改めることを望んでおられるのである。だが、主の日は盗人のようにやってくる。

そのときには、天は轟音とともに消え失せ、諸元素は焼け崩れ、地と地の所業は焼き尽くされる」

（ペテロ後書3―3～10）

こんな話を聞くと、火星の衛星の岩石のシャワーはどうも避けられそうにないのかもしれない。この第二の太陽だろうと推測される天体が、数年前、欧米の天文学者によって観測されている。この天体はやはり船長がいうようにカニ座方向の遠方にある巨大な天体で、この天文学者は〝まるで我々の太陽系に近づいてくるように見えた〟と語っている。

岩石のシャワーについて船長は被害地域予想を出していて、幸い日本はこの天災から免れられることがわかった。ホッとひと安心であるが、「核の脅威」のところで述べられているように、南北両極の氷が溶ければ低地は世界中あらゆるところで洪水になることは確実だから、東京、大阪、名古屋、福岡など大都市やその他の標高の低い都市でも注意する必要がある。

また南北両極の氷解によって地球の自転が不安定となり、これによって船長はロシア北部が海没し、カスピ海は北極海とつながると述べているが、このへんはエドガー・ケイシーの予測とピタリと一致する。

ケイシーは日本の海没も予測しているが、このことはまた後でゆっくりと検討したいと思う。

さて、この第二の太陽の進入がいつになるのかについては船長は、はっきりとは示していないので、私はこれが起こるときにどんな前兆が現れるのかを探って行きたいと思う。

かの有名なノストラダムスの預言詩から考えて行こうと思うが、皆さんにもノストラダムスの1999年の有名な詩の大騒ぎは記憶に新しいだろう。

ノストラダムスの預言との対比

太陽系の変位に関すると思われる詩はいくつかあるので、後程、検証してゆくが、この有名な詩から入っていこう。

だいたいノストラダムスの予言書といわれる諸世紀の記述は難解で、そこから意味を読み取ることはなかなか難しい。またノストラダムスの詩で、年月をあからさまにしている詩は他にはないので、この年月をそのままに受け取ってよいものかどうか非常に疑問に感じざるを得ない。

　１９９９年　第７の月
恐怖の大王が　天から降る
アンゴルモアの大王をよみがえらせるために
火星はその前後　幸福の内に治める

（諸世紀Ｘ—72）

今までこの詩は多くの人々によって解釈されてきたが、第二の太陽のことはだれにもわからなかったわけで、ラムー船長のメッセージを知った皆さんにとっては何となく感じはつかめると思う。

一行目のところは別にして、二行目以降はラムー船長の話を裏付ける意味にも取れる。私の解釈はこうだ。

二行目以降は、火星の衛星がバラバラになって地上に岩石のシャワーが降ってくる様子を表し、それによって地球が大混乱に陥れば一番近くに住む火星人が救援に駆けつけ、ＰＫＯ活動をしばらくの間するだろう。

アダムスキーによれば、火星人の髪は黒色でその容貌もアジア人タイプだというから、アンゴルモアの大王はさしずめ地球救援隊長というところだろうか。地球に混乱が起きないように火星人がしばらくのあいだ物質的援助を伴ったうまい支援をすることが〝幸福〟という言葉に表れているのではないか。

聖書の他の多くの預言でも千年王国が来る前に、天からの火によって滅びるであろうとか、天から星が落ちるといったことが述べられている。

次の詩は解釈が難しいので参考のため仏文と英文を併記した。（諸世紀Ⅱ―46）

◎仏文

Apres grand troche humaine plus
grand s'appreste,
Le grand moteue des Siecles
renouvelle:
Pluie, song, laict, famine, fer
& prest,
Au ciel veu feu, courant long
estincelle.

◎英文

After great misery for mankind
an even greater approaches
when the great cycle of the ceturies
is renewed.
It will rain blood, milk, famine,

war and disease:
In the sky will be seen a fire,
dragging a trail of sparks.

人類の上に大いなる悲劇　その後　それ以上の大いなる接近
偉大なサイクルが世紀の上に新しくされるとき
血の雨が降る　ミルク　飢饉　戦争　疫病
空には火が見られるだろう
　スパークしながら　だらだらと引きずっていく

これも今までの解釈だと、何か戦争の状況を描写しているというだけで終わってしまっていたが、これも我々には読めばすぐになんとなく状況がわかる詩だろう。解釈は次のようになる。

第二の太陽の侵入によって太陽系全体の天体の運動が乱され、様々な影響で地球にも悲劇が起こる。これが起こる時期は、七千年紀の始まりに当たる21世紀のはじめということになる。

私は二行目の〝偉大なサイクル〟という言葉が太陽系天体全体の変更を暗示しているように思えるが如何だろうか。

そのとき、それ以上に大変な事態をもたらすべく接近してくる何かがある。この何かの様子が四行目に説明されている。

何かがスパークしながらゆっくりと動いてゆく様は、我々の太陽系に進入する第二の太陽を思わせる。

火星の衛星がバラバラになって降ってくれば、燃えて血のようにも見えるし、地面に落ちた燃えカスをみれば白っぽいミルク色に見えるだろう。このような状況の中で戦争が勃発し、飢饉や疫病が広がる。

第二の太陽の進入と関連する詩はあと六つあるので、次にそれぞれ詩と解説を示す。

20年間の月の統治が過ぎ
七千年紀に別の者が王となる
疲れ果てた太陽がそのサイクルを取るとき
私の預言と脅威は完了する

（諸世紀Ⅰ―48）

一行目の20年間の意味がよくつかめないが、21世紀の始まりから数えて20年という意味であれば西暦２０２０年ということになる。いずれにしても月が地球の衛星であることをやめるのはわかる。

月は地球の潮の満ち引きや、海の生物の生殖活動も含めて全ての行動を支配しているし、女性の生理や人間の日常行動も支配していることが知られている。

七千年紀はよく聖書に使われる言葉で、大体キリスト生誕後二千年を経て始まるといわれている。キリスト教関係者であればこの王が誰であるのかはすぐにわかる。もちろん再臨するイエス・キリストである。

疲れ果てた太陽というのは、最終の軌道に落ち着くまで何かふらふらとした不安定な運動を表しているのだろう。太陽系が最終的に新しい軌道に落ち着けば、新しいサイクルに入りノストラダムスの預言も必要ないし、太陽系の変位も終わり脅威もない。

巨星が七日間燃え続け
雲間に二つの太陽が現れるだろう。（雲が太陽を二重に見せるだろう）

どう猛なマスティフ犬が一晩中吠える
法王がその居所を変えるとき

（諸世紀Ⅱ―41）

この詩は第二の太陽をダイレクトに描写していて意味深長である。カッコ内は一般的な解釈だが、これでは実際的ではないと思う。

雲が太陽を二重にみせることなどいままで見たことも聞いたこともないし、いずれにしても空を見たときに二つ太陽があることには変わりがないと考えられる。

今まで誰も二つ目の太陽のことなど考えもしなかったので、カッコ内の解釈になったのだろう。

この巨星は進入する第二の太陽か、または火星の衛星が地球目がけて突入してくる様子を表しているのだろうか。

あとはローマ法王がバチカンを去って行くときに、マスティフ犬という土佐犬より大きくてどう猛な犬が一晩中吠えるということである。

ちなみにこの法王は今のヨハネ・パウロ二世の次の次の法王だと考えられている。

12世紀の聖マラキの預言から、パウロ二世の次が「オリーブの栄光」といわれるユダヤ人の法王であり、その次が最後の法王となるローマ人のペテロであるという。しかし、この最後の法王はローマ聖庁が最後の迫害を受ける間に法王に就任することから、通常のローマ法王としては考えないという解釈もある。

第一次世界大戦中ポルトガルの寒村ファティマで起こった事件も、明らかに異星人からのメッセージで、詳しくはファティマ関係の著書をあたってもらいたいが、聖母の降臨に立ち会ったといわれる少女から送られてきたメッセージを見た当時のヨハネ二十三世は、その凄まじい内容に驚いて卒倒したと伝えられている。

その内容というのが、未来の法王が破壊されたバチカンを後に、死体の山をかき分けながら立ち去って行くというものであると伝えられている。

オーシュ　レクトゥール　ミランドの近くで
三晩の間　空から　大火が降るだろう
原因は腰を抜かす程　驚くべきもので
そのすぐ後に　そこでは地震が起こるだろう

（諸世紀Ｉ―46）

一行目は現在のフランス南西部の古い地名で、ラムー船長の言う火星の衛星の岩石のシャワーがこの辺りに集中的に降るのだろうか。
腰を抜かすという表現はこれが戦争などの人災ではなく、天災であることを暗示している。ノストラダムスの他の詩で空の火に関するものはたくさんあるが、三晩というのと原因が驚くべきことという点から、よほど尋常でない原因があることが見受けられる。

おそかれ　はやかれ　あなたは作られる　大いなる　変化を見るだろう
物凄い　恐怖　と　復讐
月が　その天使に　導かれてゆくために
天は　傾斜の方へ　引きよせられる

（諸世紀Ｉ――56）

一行目はなにか21世紀に住む我々人類に対して警告しているように感じるのは私だけだろうか。三行目以降は、月がいままでとは異なった軌道に何かの力で向かうとき、太陽系全体が変わる様子が見て取れる。

隠された太陽が　マーキュリー（水星）に　食され

ほんの一瞬　置かれるだろう
ヘルメス（マーキュリーと同じ意味）はバルカン（火の神、火星のことか？）の供え物
になるだろう
太陽は　真に　黄金に　輝くのが　見られるだろう

（諸世紀Ⅳ—29）

この詩は今までほとんどの解釈ではオカルトの詩だとしていたが、ここまで読み進んできた皆さんには大体のところは想像できるだろう。

一行目は太陽系に進入する第二の太陽で、このとき惑星の運行が乱されてこのように見えるのだろう。最後には正義の太陽が輝いて新しいサイクルに入り、安定している様子が読み取れる。

四十八度の　転換期に
カニ座の　深淵より　非常に大きな干ばつ
海や　川や　湖にいる魚が　赤く煮える
ベールン　ビゴー　は空からの火で　苦しめられる

（諸世紀Ⅴ—98）

一行目の「転換期」は多くの訳者が〝気候、地方〟という意味の形容詞形であるclimaticに受け取っているが、これは間違いである。

仏文ではclimateriqueで英語のclimactericに相当する。このことばには「転換期（にある）、危機（の）、厄年（の）、更年期（の）、月経閉止期（の）」などの意味がある。

この〝気候、地方〟に解釈した方が一般的にはわかり易いし、〝転換期〟と訳すと意味がわからないのでそうしているのだろう。

日本ではほとんどこの訳でとおしていて随分といい加減であるが、もともと日本で多く出版されているノストラダムス本はほとんどがデタラメなので、それを考えれば、この程度の誤訳だけならまだ良い方かもしれない。

この詩はラムー船長が述べたことと正にピタリと一致する。これはもう皆さんにもわかると思うが、カニ座の方向からやって来るものは第二の太陽で、北緯48度か、または南緯48度の方角から太陽系に進入して来るのだろう。

ザカリア・シッチンによると、シュメール文明の神々の太陽系第10惑星は、地球から見ると、南緯30度から入り北緯30度にぬけるコースで、この天空の道は神々の道と呼ばれていたそうである。公転方向も異なっていて太陽系惑星と反対の時計回りであるそうだ。この惑星は我々の太陽系の惑星と違って太陽黄道面から30度傾いた平面上を公転しているわけである。
ベールンもビゴーも「諸世紀Ⅰ―46」にでてきた地名と同じフランス南西部の旧州名である。ここに大気層に飛び込んで焼けただれた岩石のシャワーが降り、それによって海や川や湖の水が煮えたぎり魚が赤くなるのだろうか。

以上、ざっとノストラダムスによる預言詩を見てきたが、これらの詩から第二の太陽の進入時期をはっきりとは特定できない。

ただ「諸世紀Ⅱ―41」の詩と「諸世紀Ⅰ―48」の詩からある程度時期が特定できる。現在の法王ヨハネ・パウロ二世のあとの二代目の法王（ローマ人のペテロ）のときに起こることはわかっている。

パウロ二世法王の在位がもう20年以上でお年も召しているから、失礼ながら神に召されるのもそう遠くはないだろう。パウロ二世は20世紀に就任した法王（１９７８年〜）としては最長の在位を誇っており、次の法王の統治がこれを越すことは考えづらい。「諸世紀Ⅰ―48」の詩の月の統治の終わりが西暦２０２０年であるとも考えられる。

これらのことを考慮に入れて、私は第二の太陽の進入時期は最長であと20年前後ではないかと考える。これはあくまでも〝長くても〟ということであるので、この期間内ではいつでも起こりうる可能性がある。バチカンの法王が二人目になれば何時でもということになる。

ケイシーの予言との比較

ケイシーの予測がラムー船長のロシアの予測の部分と一致したことは先に述べたが、ケイシーもまた全地球規模での災害や、いわゆる極ジャンプと呼ばれる地軸の変更について予告している。

ケイシーは聖書の預言と同じように〝天からの火〟によって今回の人類文明が新しくされることを述べている。だが、この状況があまりにも悲惨なためか、または船長の予測にあるように米国には岩石のシャワーの影響がないために、ケイシーにはよく見えなかったのかどうかはわからないが、〝天からの火〟についてはほとんど詳しい説明をしていない。

しかし、ケイシーはこれ等の天災が始まるときにどんなことが起こってくるのか、わりと明確に示しているのでこの辺から検証して行こう。

いままで〝2000年に地球的規模の天災が来る〟と大騒ぎをしていた人達の中には、西暦2000年5月5日に惑星直列が起こることや、ケイシーの対話の内容をその根拠として求めていたケースが多くあった。

ただ惑星直列に関してはラムー船長が説明したように、惑星や太陽には大きな引力がなかったので、地球的規模での天災を引き起こす要因にはならないことは理解できた。

では彼らがもう一つの根拠としたケイシーの対話を次に引用しよう。

◎質問
「西暦2000年から2001年にかけて、もしあるとすれば、どのような大変化または変化の始まりが、生じるのでしょうか」
◎回答
「極の移動が生じるとき、すなわち新しいサイクルが始まる」


これが彼ら2000年地球大異変論者の根拠にしているケイシーの対話である。

これを見て皆さんはどう思われるだろうか。ケイシーは〝眠れる予言者〟として有名で、全ての予言と思われるものは催眠状態で行われている。

だから質問に対してもその質問にじかに答えている場合がほとんどないのである。

ケイシーはこの場合、やはり質問には直に答えておらず、西暦2000年から2001年にかけて極移動があるとは言っていない。この回答からはただ極移動が起こるとき、新しいサイクルが始まるということがわかるだけである。従って彼らの根拠も根拠にならなかったわけである。

さて、では本格的な変動の始まる前にどのようなことが起きてくるのか、私が一番それを表していると思うケイシーの言葉を次に引用しよう。

「種々の変化が始まろうとする時が近づくと、記録が一つである三つの場所が、唯一の神を知ろうとして入門する人々に開かれることになるだろう。神殿が再び隆起するだろう。エジプトの記録のある神殿も開かれよう。そして、アトランティスの土地の心臓部に置かれてある記録もまた見出されよう。それらの記録は一つである」

ここで皆さんに注目してもらいたいのは〝エジプトの記録のある神殿〟が発掘されるということである。ケイシーによると、この神殿はスフィンクスの右足の下に入り口があり、その位置はスフィンクスとナイル川の中間の砂の下にあるということである。

ケイシーによるとBC一万年以前に大西洋に沈んだアトランティスの神殿の記録、マヤのピラミッドのなかにある記録および、まだ発見されていない砂に埋もれたエジプトの神殿の記録は全て同じものであると言っている。

ここから我々は地球や太陽系の変動が始まる前の前兆として、エジプトのいまだ発掘されていない神殿の出現があることを知る。もしこの神殿の発見があれば世界的ニュースになることは間違いないので、我々にも前兆は直にわかると思う。

ケイシーは全地球上の変動をいろいろと述べているが、変動の最初のキッカケがどこで始まるのかを示唆しているので、次に引用しよう。

「もしベスビオス山かペレー山に以前より大きな活動が起こるならば、三カ月以内に、カリフォルニア南部、およびソルトレイクとネバダ南部の間の地域に、地震による大洪水が起こることを予期してよい。しかし、地震は、北半球におけるよりも南半球におけるものの方が大きなものとなろう」

ベスビオス山はイタリアにある有名な古代都市ポンペイを崩壊させた火山であるが、ここのところ火山活動は小康状態である。

ペレー山は西インド諸島のマルティニーク島にある活火山で20世紀はじめに大爆発を起こし、島民四万人余りがその犠牲になっている。

ここでの重要点は〝以前より大きな〟というところである。ベスビオス山もペレー山も過去の爆発より大きな爆発や被害がでた時が変動の始まりの合図になるということだ。もし、これが起これば、これも我々は世界的ニュースで知ることができるだろう。

ケイシーはカリフォルニア州南部のサンフランシスコやロサンゼルスがベスビオス山やペレー山の噴火に続いて海没すると言っているが、そうなれば津波が太平洋を渡ってハワイ諸島の都市を崩壊させ、日本の太平洋側の東京を含めた都市部が大洪水に見舞われることは確実だ。

皆さんの中で地方に移り住むことを考えている人がいたら、少なくとも標高１００ｍがこの津波の被害から逃れられるひとつの目安だと私は思うので、それ以上のところに移住した方がいいだろう。

ケイシーは実際に初期の大きな物理的崩壊が始まるのが米国西海岸だとして、次のように述べている。

「地球の多くの場所で分裂や破壊が起こるであろう。その初期にはアメリカ西海岸に物理的変化が見られるだろう。グリーンランドの北部は氷が溶け、海が現れるだろう。新しい陸地がカリブ海沖に現れるだろう。南アメリカは上から下まで揺すぶられ、ティエラ・デル・フィエゴ諸島（アルゼンチン最南端）の大西洋側に陸地と激しい流れの海峡が現れるだろう」

このなかでカリブ海沖と南アメリカ南端の大西洋側に陸地が出現するというのは、ラムー船長のいう南北大西洋に陸地が隆起するというのとこれまた一致する。

次にアメリカ合衆国全体の変動についての口述をいくつか示そう。

「大小の物理的変化が国中に起こるだろう。特に大きな変動は北大西洋海岸線に起こるだろう。ニューヨーク州、コネチカット州などの近辺は注目すべきである」

「東部海岸の多くの地域、また西部海岸の多くの地域、そして合衆国の中央部などにも変動が現れるだろう」

「五大湖の水はメキシコ湾へと流れ出し、空になるだろう」

「主に、ニューヨーク州の現在の東海岸、あるいはニューヨークの都市自体が消滅して行くであろう。しかし、このことが実際に起こるのは次の時代であろう。それよりもっと早く起こることは、カリフォルニア州、ジョージア州南部が消滅することである」

「ロサンゼルス、サンフランシスコなどはニューヨークよりも早く、そのほとんどが破壊されるだろう」

このロサンゼルスとサンフランシスコが破壊されて海没してゆく様子を、1937年にカリフォルニア州フレスノで落馬したジョー・ブラントという青年が昏睡状態に陥っていた最中に幻視している。

彼の話によると、季節は春頃でいつのことかよくわからなかったそうだが、そこで見た新聞の日付から最後の年号が6か9のつく年であったそうだ。

また、その新聞に載っていた大統領は当時のルーズベルト大統領ではなく、背はもっと高くて体重がありそうで、おおきな耳をしていたという。

さて、ここでケイシーの日本海没に関する予言といわれる言葉を考えてみよう。

◎英文　Greater portion of Japan must go into the sea.
◎訳　「日本のより大きな部分は海に入ってゆくはずだ」

この言葉が日本海没を大騒ぎして主張している人々の根拠だが、私はこれはケイシーがただ、カリフォルニア南部が海没すれば津波の影響で日本の低地にある都市部が大洪水に見舞われることを表現したに過ぎないと思う。私がそう思うのは、must にある。この must の意味である

「(そうなる) はずだ」は何かあること (カリフォルニア南部の海没) が起こって、それによって〝こうなるだろう〟と予測する言葉であるからだ。must を使うためには何らかの前提条件が必要であるということである。

ケイシーが地球変動の予言の中で must を使ったのはここだけで〝おそらくそうなるだろう〟というような曖昧な表現を使っているところは他にない。

もし、ケイシーが日本沈没だけを予言するのなら、この must は必要なく、何も使わないかまたは may とか will とか shall、might とか should とか could、更には聖書の預言のように go を過去形にして went を使うはずである。may も might も should も〝そうなるだろう〟〝そうなるべきだ〟という意味であるし、will は意志未来、shall は単純未来、could は〝そうなるはずだ〟〝それも有り得る〟という意味のていねい語である。

これらの語には前提条件は全く必要ないのである。

しかし、この日本を将来襲うであろう大洪水は日本史上かってなかった大きなものになることは確かだろう。

この他ケイシーの予言ではヨーロッパの低地のほとんどは海没するし、ロシアの北方のほとんども海没してカスピ海が北極海とつながり、小アジアのイスタンブールも大洪水に浸り、カナダ西部も北部も海没し、全世界中の至るところほとんどは影響を受けるようだ。

ケイシーは極移動も指摘しているので次に示そう。

「南北両極には大変動が起こり、そのために熱帯地域の火山が爆発するであろう。そこで両極が移動し、寒帯か亜熱帯であったところが熱帯となり、コケやシダ類が生えるようになるだろう」

なんだかしまいにはウンザリしてしまうが、ケイシーは安全な地域も示していて、カナダではカナダ南部のサスカチュワン一帯、東部のケベック南部にあるローレンシア台地一帯、アメリカ合衆国ではノーフォーク、バージニアビーチ一帯、オハイオ州、インディアナ州、イリノイ州のそれぞれ一部である。

ケイシーは米国人であるので自分自身に関係の深いアメリカやヨーロッパについては割りと詳しく伝えているが、その他の国々の変動状況については語っていないので良くはわからない。ただし変動終了後にカナダやアメリカ、南アフリカやアルゼンチンが世界を食べさせてゆく、とこれらの国々が世界の食料供給国になると述べているので、南アフリカやアルゼンチンなどの国々も安全な地域に入るのだろう。

また少し明るい兆しにも言及しているので次に示そう。

「現在（1941年当時）戦場となっている多くの場所が太洋となり、海となり、湾となるだろう。そして地上では新しい秩序の基に相互の取引が営まれるだろう」

ケイシーの予言も非常に激烈なものであることは確かであるが、ひとつの気休めはラムー船長が可能性として警告した〝地球は不毛になる〟という状態は避けられそうなことである。

ケイシーはアジア大陸に関してはほとんど何のつながりもないせいか言及していないし、ラムー船長もコンタクトした人物がアジア人ではなかったせいかアジアに関しては何の言及もしていないので、極東地域の変動の詳細はよくわからない。

新しい世界へ

さて、皆さんはここまで読み進んで来て、第二の太陽の到来に関して輪郭がほぼ掴めたと思う。ここではもう一度皆さんにも準備ができるように、簡単にタイムスケジュール表ともいうべきものを作ってみたので次に示そう。

エジプトの神殿の発掘
（この神殿はスフィンクスの右足の下に入り口があり、スフィンクスとナイル川の中間の砂の中に位置する）
↓
ベスビオス山かペレー山の大噴火
（過去最大級の大噴火が起きる）
↓（3か月以内に）
カリフォルニア州（ロサンゼルス、サンフランシスコの崩壊）の海没
☆この時点でハワイ諸島は大津波によって低地の都市部は崩壊。

この後、日本列島の太平洋岸も大津波によって都市部は壊滅。

◎このときのアメリカ大統領は↓体が大きく、体重があり耳が大きい

◇時期は↓西暦２００６年、２００９年、２０１６年、または２０１９年。

↓

この後、世界各地で地震、洪水、火山の噴火などが始まり、本格的な変動への段階に入る。

（この頃にはヨーロッパの北半分とロシアの北半分は海没しアメリカ合衆国もほとんど海没）

↓

最後のクライマックス↓ローマ法王（ローマ人のペテロ）がバチカンを離れる

§これが起こるのは↓西暦２０１×年または２０２×年。

（このとき、空には第二の太陽が見られ、火星の衛星が岩石のシャワーとなって、おもにヨーロッパ南部、トルコ周辺、北アメリカ大陸南部、南アメリカ大陸北部、アフリカ北部を襲う）

この頃、火星人類の地球人類に対する救援活動が始まり、時期的には前後するかもしれないが、キリスト教が言うところの空中携挙が、ラムー船長らの地球外人類によって行われる。

この時期、ケイシーは紛争が起こると次のように警告している。

「この期間を通じて争いが起こるだろう。デイビス海峡（カナダ東岸とグリーンランドの間）付近に注意せよ。そこには陸への生命線を確保しておこうという試みがなされるであろう」

「リビア、エジプト、シリアの争いに気を付けよ、オーストラリアの北方地域をとり囲む海峡をめぐって不和が起こる。インド洋やペルシャ湾に於ける争いである」

このような紛争は地球外人類の介入が始まらないと収まらないと思うが、ケイシーがその辺のことを述べていると思われるものを示そう。

「あなた達は、これらのことは所詮海のことに過ぎないではないか、というであろう。確かにその通りである。しかし、各国のあれこれの事柄は、すべて神が介入の御手《みて》を示されたのであると、または大自然の働きかけであると、あるいは、あれこれの事柄は、神の善なる裁定の当然の結果であると言う人達が現れるまで、分裂の争いはなくならないだろう」

ケイシーは地球の天変地異や動乱がすべて収まった後に地球上に少年として生まれ変わった自分の姿を幻視しているが、それは次のようなシーンであった。

葉巻型宇宙船に髭をたくわえメガネをかけた科学者に同乗し、アメリカ合衆国全土の被害状況を視察している。ニューヨーク上空にさしかかると、多くの人々が崩れた都市の瓦礫の山を片付けている。ケイシー少年が〝いったいここはどこですか?〟と尋ねると、乗務員がそれに答えて〝なにいっているんだ! ここはニューヨークに決まっているじゃないか!〟と言ったそうである。

ケイシーは他にも明るい未来をも示していて、バージニアビーチがアメリカ最大の港湾都市になること、ビニミ諸島が一大観光保養地になるとも述べている。

さて、皆さんは他の国のことより日本のことが知りたいだろうから、将来日本を襲うかもしれない大津波の襲来時期について、もう一度考えてみようと思う。

ジョー・ブラントが幻視したカリフォルニア海没が最後に6か9のつく年ということだから、この年は西暦2006年、2009年、2016年、2019年の年のどれかになるだろう。これ以降の年はパウロ二世後、二代目の法王の在位中に第二の太陽が来ることから考えづらい。

ジョー・ブラントの話から海没が起こるときの米国大統領は今年就任したジョージ・ブッシュJrではないことはわかる。副大統領のチェイニーでもないことも明らかだ。四年後、ヒラリー・

クリントンが米国大統領選挙に立候補するかどうかはわからないが、もし、ブラントがいう体が大きくて、耳の大きい大統領になれば俄然2006年の可能性も浮上してくる。ノストラダムスの1999年の詩をそのままの意味ではとれないと先述したが、この1999年に7の月の7を足すと2006年となり、この年にはまだ火星人の介入はないだろうが、海没の可能性としては高くなる。

そこでカリフォルニア海没が世界の天変地異の始まりであることから、第二の太陽の進入を2020年前後と考えれば、私はこの2006年と2009年または2016年が可能性としては最も高いと思う。

ケイシーがデイビス海峡で陸への生命線を確保しようとして紛争が起こると言っているのは、明らかにグリーンランドやカナダ東部に大災害が起こった後の出来事を示している。これらニューヨーク等アメリカ大陸東岸に起こる変動は、カリフォルニア州海没のずっと後のことである。

また、オーストラリア北方地域やインド洋、ペルシャ湾の紛争なども地球の天変地異の間に起こるとしていることや、この天変地異が数年で収まるとは思えないことを考慮に入れれば、やはりカリフォルニア海没は早くて2006年、遅くとも2016年の可能性が高い。

カリフォルニア海没が起これば、数時間以内に日本にも大津波が襲うだろう。

従って、東京、横浜、名古屋等、太平洋沿岸の低地にある都市は大きな被害を受けるだろうから、少なくともベスビオス山かペレー山の大噴火のときに自分自身の身の振り方は考えるべきだと思う。

この津波はカリフォルニアの海没によって引き起こされるわけだから、日本史上かってなかったような未曾有なものとなることは間違いない。

なかには300m級の津波になるだろうという人もいるようだが、そこまで大きくはならないだろう。もしそのような大きな津波が来たら日本の人口の損失は9割に達するだろう。私は地球の大異変のしょっぱなから日本のほとんどが壊滅するようなことは絶対にないと考えている。大きくてもせいぜい100mくらいだろうと思うが、それでもこれは今までになかった大きなものだ。

しかし、この津波を逃れたとしても、日本は火山国だから高地にいても安心はできないので常に注意が必要だ。

先述した霊能者、出口王仁三郎も人類の大掃除、人類社会の大立て直しが将来起こるが、この大変動と比べれば第二次大戦時の日本の惨状などまだ甘いものだと述べている。

いずれにしても、日本にも大きな被害を及ぼす大災害が来ることは確かである。

では、いったい我々にこの天災から逃れられるすべはあるのだろうか。

ラムー船長の忠告

船長は我々人類にとって何が今必要とされているのか語っている。その話を聞こう。

「人類の大いなる誤りは、覆われた道に目を固着しなければ歩けないことである。人類は根本的に保守的であり、輝ける未来よりも帰らぬ過去の記憶の中に生きるのを好む。未来へ努力し用意するのではなく、未来を恐れる。自分を助けぬものに多大なエネルギーを使い、つまらぬことに貴重な時間を使う。

たとえば、死語となっている言葉を教えるのに、教師と生徒が時間を使い、建物を用意し頭脳を浪費する。紙、インク、本、チョークおよびもっと有益に使える幾千の事物を無駄なものを教えるのに使う。

死語の代わりに光合成の作用をどうして教えないのか。古語の格変化よりポテンシャルの傾きの意味や天体の作用を知る方がもっと価値がある。最も輝ける未来を模索するよりも歴史のミイラの中に生きるのを好み、過去を復活させようとする。

暗唱を習わせるよりも、むしろタマネギやセロリを育てる方法を教えた方がよい。これらは良い食物であるうえに、小麦からは植物油、ビスコス、キシローゼ、酢酸、セッケン、アルコール、セルロース、シロップ、織物、燃料などを作れることとか、これらの物すべてを作るワラと葉は肥料にも適しており、多少は病害を運ぶものの捨てるべきではないと教えるのがよかろう。土壌の水素ポテンシャルの意味とか、どうやって酸性度を修正するかとか、どの種類の土壌がどの程度のチッソ、セシウム、コバルト、イオウおよびリンを必要とするか教えなさい。

野菜ホルモンはキャベツの葉を10フィートにもするし、数ポンドのリンゴを作ることを教えなさい。子供たちは戦争を起こして惨害を人類にもたらした人の名を忘れうるが、水と結合してホルムアルデヒドを作る石炭ガスを通して、損失なく日光を有用なエネルギーに変換できることを決して忘れるべきではない。また酸化したアルデヒドが日光を電流に変えることも教えなさい。

カルタゴ崩壊の歴史よりもはるかに有益なことが溶液の飽和点で見られるはずである。世界では何百万人の人々が毎年ガンで死亡するのに、学校では国旗の色を教えて無駄な時間を費やしている。

〝中国〟という国名を教えるより、子供たちはセシウムに関してもっと学ぶべきである。フランス、ブラジル、アメリカおよびソ連などの代わりに、窒素、リン、硫黄および鉄の作用をもっと学ぶべきであり、これらの元素は他の元素とともにタンパク質を作り、セシウム分子と結び付いて肝臓中にある反ガン元素を作ることを教えるべきである。

これらの同じタンパクはコバルト分子と結合して貧血に抗し、ビタミンB_{12}として知られている。輝かしい戦勝の記念碑をほめたたえる代わりに、重水素は細胞中に入るとガンの主原因となり、セシウムは重水素から電子を取り去って無害の水素に変える力があることを教えなさい。

統計的にガンは未成人の子供や老人を好み、生殖機能がその守りであり、これらのホルモンは単なる本能の充足のために浪費されるべきではないと教えなさい。酒類の代わりにガンを寄せ付けない酵素をとるのが好ましい。

驚くのは人類は結核の完治ができていないのに、修辞や論文を学ぶべきとしていることである。これらは何百万人に不幸をもたらす病気が根絶された後の娯楽であるべきだ。

しかし、以上の事柄は次に示す人類の大きな過ち程には重大ではない。

世界の正確な統計を引用できず、あなたの国のことも詳しくは知らないけれど推測することはできる。

○○○○には5000万人が住む。このうち3000万人は国の生産に関与できない老人や子供である。残りの1000万人は女性であとの1000万人が男性である。この生産に関与できる人口のなかには、退職者、非生産者、物乞い、つまはじき者、浪費家、狂人、病人、盲人、盗人、四人および失業者がふくまれる。従って労働可能人口はだいぶ少なくなる。この最終労働可能者の多くの職種が非生産的、投機的、保証的である。

たとえば、卸売業、小売業、広告業、不動産業、株式仲買人、サービス業、弁護士および銀行員などである。

また他には警察、軍隊、官庁、大使館、役所など非生産的仕事につく国家公務員などである。

こういうわけで、わずかに200万人が農業と工業で生産に従事している。

この農業は真の意味で生産的であり、工業は国が真に必要とするものである。いずれにしても、これらの人々が生産に従事していたとして、5000万人のうち僅か200万人、つまり25人中たった一人が働いているということである。一人の真の労働が他の24人の生活水準を維持しているというのはまったく馬鹿げた話である。

また農業に従事する人々のなかには、タバコなどの興奮剤を栽培して社会の利益にならない働き方をしているか、土地を痩せさせ結果として人体を汚染する牧畜業やその畜殺に従事しているものもいる。

工業に従事している人々についても同様である。工場に悪い点はないが、人はそれを正しく使っていない。工場は常に基本問題を解決するようには決して建設されていない。

大多数の工業製品は化粧品、宝石、女性用の無用の装身具、無目的のハンドバッグ、こっけいな帽子、珍品、マニキュア用品、足を痛め姿勢を壊すクツ、保護機能のない靴下、身体をいためるタバコ、チューインガム、ピストルや遊戯用具、軍需製品、アルコール飲料と清涼飲料などを作っているが、このような不用品以外に大量生産されるべき無数の必需品がある。

建築機械、医薬品、人口植物ホルモン、エネルギー機器、病人用の健康食、哲学と科学書、プラスチック靴、外科用および整形外科用機器、肥料、収穫機械、種蒔き機、殺虫剤、プレハブ住宅、壊れぬ家具、試掘用機械、窒素プラントなどである。

しかし、とりあえず不必要な生産を考慮に入れないとして、少なくとも何か役立つことをしているこれら200万人の仕事の利用のされかたを考えてみよう。

国家予算の多くの部分は軍事費、公益事業費、国債費、政府費用などに当てられ、残りの少額が教育、保健機関、農業などの公益目的のために使われている。

もし、これらの全ての予算が道路、学校、病院、教会、研究所、公衆衛生、新生工業、住宅計画、宿所、医療、運輸などに使われたとしたら、また非生産労働者の全てが新しい生産業に向けられたとすれば、どのように社会は変わるだろうか。

社会構造が変わればラッシュ時に道路がふさがる交通事情が消えて、燃料も車も節約になる。

全生涯で一年も働けば、地球一の金持ちより楽に暮らせるだろう。

しかし、今の地球の人類社会の体制では進歩でさえも危険である。オートメーション化が更に発展して行けば、失業により多くの人々が路頭に迷い、飢え死にするかもしれない。

今日、大抵の人は生涯の最良の部分である七歳から三十歳ぐらいまでを読書に没頭し、結局はたいしたことは学べなかったと残念がり、前途が大変に長いことを悟る。人生は全てを学ぶには短すぎる。しかし、真に科学的な催眠を用いると教育制度そのものが変化する。現在修得するのに少年期の大部分を費やす全ての学校教育科目を、二〜三時間で修得できる。制御した催眠下に子供を置いて、学習する事柄を心理学者が口述するという管理のみで十分である。

これはヘッドホンを用いて一時に数千人の生徒に対して大規模に行い得る。それはより容易であり、より便利であり、より安価で長い授業に子供達が飽きることもなく、教師の欠点にさらされることもなく、現行制度の欠点もない。生徒達は早く大学に行き、眠ったままで学位を取って帰ってくる。そんなに多くを学ぶのに短時間に過ぎはしないかと考えるだろうか。確かにそれだけの時間内に十分多くを口述できないと思うだろう。しかし、それは時間というものが十分に認識されていないからである。永遠が一秒になり、一秒が永遠となり、人は迅速な伝達系を作ることができるのである。

思念波は約5ミリの周波数帯（60ギガヘルツ）で働く。電子情報が連続的にこの周波数帯で送られると、人間の知識全体がたいへん短時間のうちに伝達できる。催眠時には精神は感受的となり、音に敏感となる。人は意識と潜在意識の間の障壁を越えるが、ただしこのとき、時間の中で修得するためのかなりな技術を必要とする。なぜなら、時間の認識が心から全く消えてしまう危険性があるからである。この同じ方法が隔世遺伝および犯罪傾向を人から除外するのに用いられる。まず余計な男性要素が入り込まぬようにして犯罪傾向のある人々を催眠で再教育し、社会に送り込むことで監獄は空っぽにできる。社会の枠組みが変われば、それにつれて社会は道徳的偏見を乗り越えることができるだろう」

ラムー船長のような他の惑星に住む人類社会は、地球の人類社会のように資本主義体制ではないことをまず頭に入れる必要がある。彼らの社会には不平等は全くなく、すべての人々はそれぞれに合った役目をこなして社会の中で生活している。全ての人々の生活水準は皆同じで、一部の人々が金持ちだったり貧乏だったりといったことはないのである。

すべての生活必需品は全体の社会から支給されるため、金銭は存在しない。いわば理想的な共産社会とでもいうべきものだろう。

地球の人間が共産主義や社会主義を運用しても、結局その社会の中で上下関係を築いてしまい、権力者と非権力者を作り上げ、結局は理想倒れに終わってしまうことはソ連の例をみれば良くわかる。

人は社会の中で良いポストにつけば、その地位を利用して私欲にはしる。他人よりももっといい生活、楽な生活がしたい、他人よりも上の地位に上がって自分の意のままに人々を支配したい、有名になりたい、人々から称賛を浴びたい等、地球人類の欲望はどうしても自分一人の欲求を満足させる方向に向かってしまう。

たとえばソ連のスターリンは極端な例ではあるが、彼は自分の意のままにならない人間や政敵を結果的に数千万人も死に追いやっている。スターリンを前にすればアドルフ・ヒットラーのユダヤ人虐殺などはまだましな方だと錯覚してしまうだろう。

人はひとたび権力を握ってしまうと、なかなかそれを手放そうとはしない。その権力から生み出される甘い誘惑に抵抗できず、どんどん引きずり込まれ堕落して行く。またこの権力に群がって少しでも甘い汁を吸おうとする人々が周囲に存在することで、なおさら堕落に拍車がかかり当の本人も身動きがとれなくなる。現在の日本の政府や官僚、地方自治体の姿を見ればこのことは明らかだろう。

江戸時代の徳川幕府の政治や支配体制については評価が様々に分かれるだろうが、少なくとも現在巷を賑わしているような汚吏貪官《おりどんかん》はまれだったのではないか。当時は一般市民の生活も貧しく身分制度もあって、今のようには自由な活動もできなかったと思う。士農工商の頂点にたつ武士階級ではなお更に自由な活動などはできなかったのである。一般の武士の生活水準は一般の町人と大した違いはなく、彼らを支えていたのは武士としての誇りと農民や町人とは異なる儒教によるモラルや、教養の高さだったのである。〝武士は食わねどツマ楊枝〟という言葉がよくその体質を表しているが、これはソクラテスが〝人はパンのみにて生きるにあらず〟といったことと共通するものがある。

当時の支配者階級は金銭とは本来無縁のはずであったのに、現在の日本の社会を見渡せばカネカネカネの世の中で、金さえあれば何事も思いのままという拝金主義が今だに横行している。

これが江戸時代であれば収賄や贈賄、また違法な金儲けをすれば島流しや切腹、打ち首になるので、余程の覚悟がなければ悪事は働けなかったわけである。しかし、現在では人殺しさえしなければどんな悪事を働こうが死刑にはならないし、政治家や役人が国民のあくせく働いて納めた税金を彼ら自身のために横取りしても、ただ職を辞しさえすれば済んでしまうという全く世界でも類を見ない甘い立法社会となっている。

政治の要諦は信賞必罰と昔から相場は決まっているのに、これが出来ないなら、必ず社会が乱れるのは目に見えていることだ。

これがお隣、中国であれば経済犯罪でも銃殺による死刑があるし、政治家の贈収賄でも死刑になるケースが多い。まして麻薬犯罪などは中国では当然死刑であるし、東南アジアの国々でも厳しい措置がとられている。

欧米でも経済犯罪は重罪であるし、脱税なども日本のように追徴金だけでは済まず何十年も監獄に収監されるケースはザラである。有名なシカゴのギャング、アル・カポネなどは少なくとも6件の殺人を犯しているにもかかわらず、彼は脱税の罪で11年の刑に処せられている。

先日、テレビの番組で中国人マフィアだかにインタビューをしていたが、そのマフィアがいうには日本の法律は甘く、警察も甘いために日本では殺人さえ犯さなければ後はなんでも好きにできるので、日本ほど稼げる国はないとのこと。全く日本の司法制度は青少年だけではなく外国人にまでバカにされているのである。

日本のこの素晴らしい四季のある大自然も、産業廃棄物の不法投棄によって破壊されつつあり、憂慮にたえない。本来であれば彼ら不法投棄業者などは死刑に値すると思うのだが、これも法律の甘さや政治家の利権優先により不法投棄が後を断たず、結局は瀬戸内海の豊《て》島の例のように大騒ぎして問題がクローズアップされてから、やっと行政が重い腰を上げ、最終的には国民の税金から処分の費用が賄われてあとはうやむやになって済んでしまうというお寒い状態にある。

前の森総理大臣が高校生を対象に、他人に対するケアの心を持たせるために社会奉仕活動の義務化を進めていたようだが、国民をリードしていかなければならない政治家や高級官僚たちが襟を正していない現状を見れば、これは絵にかいた餅であるだろう。

しかし私の個人的意見を言わせてもらえばこの社会奉仕活動の義務化には賛成である。今の社会が現実にはそうでないからこそ、青少年には弱者をいたわる気持ちや自然を大切にする気持ちを肌で感じ取ってもらえれば、将来の日本にも希望が持てるというものである。小泉首相になって政府や行政、また日本全体に改革のきざしが見えてきたが、是非成功させたいと祈るばかりである。

ラムー船長は子供達の教育に関して、もっと実際的な役に立つ教育プログラムを設けるべきだとしているが、特に化学や最近注目を集めているバイオ関連の教育を重視しているように思える。これは船長が〝核の脅威〟のところで述べているように、やはり放射能の危険性をわかってもらいたいためということもあるが、その他にも人類にはもっと多くの宇宙の法則に関して知っておかなければならないことがあるからでもある。

現在、世界でなんとか満足な食生活を送れている人間は世界の人口約60億人の三分の一であると言われている。残りの40億人は貧しく、その日の食事になんとか命をつないでいるのが実状である。

また、人類を蝕む病気、たとえばガン、白血病、ウィルス性肝炎、肺炎など既存の病気の他にエイズウィルス、ハンタウィルス、エボラ出血熱、狂牛病、肺炎双球菌など新しい病気は治療薬さえないのが実態である。

このような有り様にもかかわらず、学校教育に於いて昔の文法や文学、国名や国旗の色などの暗記に多くの時間を割くほど人間の人生は長くはないと言っているのである。もちろん、シェイクスピアの文学や源氏物語などは確かに人々の心に響くものがあるし、豊かな感性を育てるためには必要なのかもしれないが、我々が暮らしている世界とは異なった日常生活を送っている第三世界と呼ばれる国々の人々のことを考えるとき、これはやはり船長が言うように人間がするべきことを済ませた後の娯楽にしか過ぎないのである。

今、人類がなすべきことは第三世界に暮らしている人々にまともな生活ができるようにすることであり、人類に脅威となっている病気の根絶である。船長はそのための教育こそ今一番必要とされるものであるというのである。しかし、今の世界の体制となっている資本主義のもとでは、もし、人類から病気が根絶されたら医者や医療関係者が失職して路頭に迷うというおかしなことになってしまうだろう。

アメリカの民間の科学者で水の高速電気分解装置を発明した人物がいるが、彼はこの装置を搭載した自動車を作っている。この自動車の燃料はただの水で、水から水素と酸素を電気分解によって取り出し、これを燃やして動く仕組みになっているので公害が発生しない。この電気分解装置は日本でも特許が申請されているが、特徴はその電気分解の速さと電気分解に要する電気の少ないことである。

車を動かす動力になる水素と酸素がすぐに電気分解によって供給されるため、車の内部に水素と酸素を溜めるタンクも必要としない。この科学者はこの装置の発表にあたって多くの科学者を集めて実験をしているが、誰にもどのような理屈で急激に電気分解が可能になるのか、その原因がわからなかったそうである。当の本人にも理論的な理由はわからないそうであるが、ただこの装置には一定の高速の振動が水の入ったシリンダーに与えられていることが特徴である。

　この科学者はこの装置の話を合衆国の軍関係機関に持っていったそうだが、まず実用化は難しいと思う。たとえこの装置が本物であったとしても、世界を支配するアメリカの石油資本であるメジャーが許すはずはないのである。

　日本でもガソリンに替わる植物性の代替液体燃料が開発されて話題を呼んだが、これも既存の石油会社の圧力やそれに押された先見の明がないバカな政府によって潰されそうになっている。この燃料は通常のガソリンと比べて排気ガスによる公害が極端に少ない上に、ガソリンのように他国から輸入する必要もなく日本にとっては理想的なエネルギーといえるものである。

　現在、世界においては資本主義が大勢をしめているが、この制度もそろそろ色々なところから欠陥が出てきているのではないだろうか。インド系アメリカ人で日本でも『ラビ・バトラの世紀末大予言』の著作で有名になった米国の大学教授ラビ・バトラは21世紀の世界体制は過去の人類が経験した共産主義社会ではなく、違った形の共産社会になるのではないかと予見している。これはやはり人類の社会も進化してラムー船長ら異星人の社会体系にだんだんと近づいて行くのではないかという考え方を支持するものである。

　日本という国は世界でもユニークな国だと一時よくいわれたが、イスラエルの陸軍少佐であったヨセフ・アイデルバーグはイスラエルの失われた10部族が現代日本人の原型であると考え『大和民族はユダヤ人だった』（中川一夫訳、たま出版）という本を著している。この考え方はべつに新しいものではなく、幕末にオランダの官吏として日本を訪れたドイツ人のフォン・シーボルトは、日本人と初めて接したときに日本人の優秀さに驚嘆し、日本人はおそらくユダヤ人を先祖に持つのではないかと考えている。

アイデルバーグによると古代日本の天皇の呼称である〝スメラミコト〟というのは〝サマリアの皇帝〟という意味だそうだが、私は〝シュメールの皇帝〟と解釈した方が近いと思う。〝スメラ〟も〝シュメール〟もアルファベットで綴れば同じＳＵＭＥＲ（Ａ）になるし、ユダヤ人の祖といわれるアブラハムは世界最古といわれるシュメール文明の古代都市ウル（現在のイラク）で生まれ、元来はシュメールの貴族の出である。

他にも古代ユダヤ人の風習と日本人のそれとでは似通ったものが多くある。たとえば、神社の構造が古代ユダヤの神殿とよく似ているし、神社で行う両手でパンパンと音をたてる〝柏手〟などは、古代ユダヤの神殿でも行われていたものだ。また神社から出される御神輿《みこし》などは今でもユダヤ人やキリスト教圏の欧米諸国でその行方が捜索されている〝失われたアーク〟つまり〝契約の櫃《はこ》〟と、その考え方において同じものである。

スピルバーグのヒット映画「レイダース／失われた聖櫃《せいひつ》」はこの〝契約の櫃〟を発見したといわれるアメリカの世界的に著名な探検家であり、考古学者のロン・ワイアットの話をタネにしている。この〝契約の櫃〟は同じ題名で、ロン・ワイアットとオーストラリアのやはり探検家、考古学者のジョナサン・グレイによる共著で徳間書店から出版されている。

山伏が頭に結んで付けている〝ときん〟と呼ばれるものもユダヤ人の敬虔なラビ達が頭に付けているヒラクティリーというものと同じであるし、彼らの正式な装束も山伏の装束と非常によく似ている。クムラン洞窟で発見された〝死海文書〟を残したユダヤ教の一派であるエッセネ派の修道僧たちはカルメル山に住み、現在の日本人の間でも広く行われている登山による朝日拝顔を習慣にしていたという。エドガー・ケイシーによればイエス・キリストを教育し育てたのは彼らで、キリストは彼らの手でインドへ留学させられ、数年間滞在し、そこで仏教を含むあらゆる宗教の真髄を学び、最後にはエジプトのピラミッドで聖人としての位階を授けられたという。

古代イスラエル王国と日本を結ぶ痕跡はまだまだたくさんあって、ここで挙げていけばキリがないが、数年前、九州の大分で発掘されたアジア最大の製鉄炉跡などは、『日本ユダヤ王朝の謎』他多くの著作で世界史や日本史の実態に迫っている鹿島昇氏によれば、ソロモンのタルシシ船団の移民によって作られたものではないかということだ。

日本の考古学会ではその規模とBC6C～10Cという古さに、今までの自分達の説が覆されるのを恐れて否定にやっきになるか、無視するかのどちらかに決め込んでいる。今では戦前の日本のように古事記や日本書紀などに書かれた物語を鵜呑みにすることはなくなっているが、だからといって日本の暦が2600年か2700年になるのはおかしいと否定する立場にも単純には賛成できない。九州や四国には紀元前の昔から大陸や遠く中東やインド、東南アジアから船で人々が往来していたのである。

大和時代の日本の蘇我氏は仏教をもたらしたことで有名であるが、SOGAはSAKAに通じてインドのお釈迦様の一族SHAKA族の一派なので、仏教を広めることは当然のことだったのである。このサカ族はペルシャのサカ族と同じで、仏教の起源はもともとはペルシャにある。蘇我氏の一族である聖徳太子が秦氏の資金と協力で広隆寺を建てたとき、多くの職人がペルシャから来たことが考えられるが、当時も今の東京のように、イランやイラクの人々がたくさんいたのである。

女優の檀ふみさんのダンという名字はイスラエルの失われた10支族の一つであるダン族が起源であるし、歌手の守谷ひろしさんのモリヤは聖書にもよく登場するモリヤ山からきている。また石丸電気でお馴染みのイシマルはイシュマエルに由来する。テレビキャスターの久米宏氏のクメや地名の久留米もカンボジアのクメール民族からきていて、古事記では大来目となっている。

渥美清の〝虎さん〟で有名な葛飾の帝釈天はインドの神々の王インドラのことだし、タイと釣り道具を手にした豊漁の神であるエビス様はイスラエルの一族に近い船の操作に長けたエブス人のことである。エブス人はダビデが王位につくように、金銭援助と軍事援助をしているし、ソロモンが多くのダビデの子供の中から王権を掌握するときも手助けをしている。

宇佐八幡神社もエジプトを一時数世紀にわたって支配したヒッタイトの後の本拠地であるトルコにあるハットゥウサに由来している。宇佐八幡はウサハチマンと普通読むだろうが、八幡はヤハタとも読むのも一般的だ。この八幡はヤハッタとも発音でき、ハッタウとも発音が似ている。

宇佐八幡を逆に綴って八幡宇佐、これを発音するとハッタウウサとなり、ハットゥウサになる。ヒッタイトは自らをハッティと名乗っていて〝丸八真綿〟の丸ハッティではないが、日本ではこのハチのつく名字は蜂須《はちす》賀《か》小六《ころく》で有名だし、八幡神社はすべてもともとはヒッタイトの神々を奉る神社なのだろう。

モーゼがエジプトからユダヤ人を引き連れて脱出する話はヒッタイトがエジプトの支配から手を引いて退去する時期と一致しており、ヒッタイト人はユダヤ人とはおおまかには同族である。アレキサンダー大王の祖国マケドニアもヒッタイトの末裔だ。

アレキサンダー大王はご存じのようにダリウスのペルシャ帝国を破り世界を征服したが、鹿島昇氏によるとペルシャ帝国の植民地であった中国まで遠征したようだ。当時、中国はタウガスとよばれたトルコの植民地でトルコはペルシャの支配下にあったわけだ。このときアレクサンダーはクブダンと呼ばれた長安を建設して秦の基礎を築いている。

日本人はよく中国を〝4000年の歴史がある国〟などと紹介するが、これはデタラメで、秦の後の漢になってはじめて中国人の漢民族の王朝ができたわけで、この後の隋や唐も漢民族ではないチュルク族(トルコ民族)が王朝を作って中国を支配したのである。もっとも、このころは中国の漢民族なるもの自体が成立していたかどうかも疑わしいのだ。実際に今の中国人になった漢民族と呼ばれる人々の基礎ができたのは宋や明の時代になってからのことである。

若い人達は知らないかもしれないが、日本の民族衣装である和服も以前は呉服と呼ばれ、中国の魏志倭人伝の時代の江南地方にあった呉という国から来たものなのである。この呉という名前は日本人の名字にも呉軍港の名で地名にもなっているから、呉市は中国の呉の国からの亡命者達によって作られた町なのだろう。事実、『隋書』の東夷伝倭国条には倭人は呉の太伯の末であるとしている。このとき、阿毎・多利思比孤(アメ・タリシヒコ)という倭王が世界帝国の隋に対して、〝日出ずるところの天子、書を日没するところの天子に送る。つつが無きや〟という堂々とした書簡を送っているのも、呉の子孫であることを思えば当然うなずけるのである。

BC323年アレキサンダー大王の死後この世界帝国は彼の下で働いた将軍達によって分割され、ペルシャ以東は将軍セレウコスによって統治され、セレウコス朝ペルシャが誕生した。このときエジプトはクレオパトラの血統のギリシャ人のプトレマイオスが王朝を立てたのである。この百年くらい後にバクトリアの知事であったディオドトスがクーデターを起こして中国の秦を建てたわけである。この秦の始皇帝がディオドトスその人で、彼の多くの肖像画を見ればいわゆるアジア人でないことは一目瞭然である。彼は徐福を日本に派遣し近畿地方に秦王国をつくり、秦河勝《かわかつ》の秦氏はその後、藤原氏となって日本の天皇家を補佐して行くのである。

日本は遣隋使や遣唐使を中国に派遣していたときまでは外国との交流が頻繁に行われて様々な民族が日本にやって来ていたのである。しかし、さまざまな民族や氏族がこの狭い日本でひしめき合ってきたために民族間で騒乱や陰謀が絶え間なく起こってきた。これに終止符を打ったのが藤原氏をつくった藤原鎌足とその子、藤原不比等《ふひと》らで、実際に起こったかどうかも疑問を持たれている大化改新などは、これらのことを象徴的に表す事件であるだろう。

それまではあらゆる民族や氏族の大王によって日本の各地が治められていた連合国家だったわけで、この大化改新によって〝君臨すれども統治せず〟という日本の独特な天皇制が確立され、これによって様々な民族からなる日本に民族融和と平和な社会がもたらされたのである。一般の日本人は漠然と日本人は単一民族だと思っているようだが、戦時中のアメリカのフィルムをみれば米国政府は日本人をモンゴル人、満州人、ポリネシア人、アイヌ人の混血人種と規定している。また二十数年前アメリカでベストセラーになった『帝国の陰謀』という日本についてのノンフィクションノベルでは、日本が満州国を立てたのは満州人が日本人と同族であることを考えれば当然理解できるとしている。

歴史は各国のそれぞれの事情による民族的優位性や他民族征服のための道具としてねじ曲げら

れ、結局、本当の歴史は教えられていないのが実情である。このことをしっかりと念頭に置いて、現在世界で続いている民族同士の争いがいかに下らないものであるかを、我々は訴えていかなければならないだろう。

イスラエルとパレスチナの間で行われている殺し合いは、どちらかの民族が絶えない限りいつまで経っても解決は出来ないし平和もこないように思える。しかし、元来彼らはアブラハムを先祖とする同じ民族なのである。日本のドンと称された笹川良一氏が〝人類皆兄弟〟といったように民族が違うといっても、また我々人類は大宇宙の中の太陽系という小さな恒星系のその中の小さな惑星の地球上で暮らして行かなければならない兄弟なのである。

ラムー船長が言うように人間が争いを止めれば、戦争のために使われていた莫大な資金を人類の幸福のために使うことができ、そうなればどんなにか平和で幸福に満ちた世界を築くことが出来るだろうか。

ラムー船長は犯罪者も教育によって矯正が可能であることを示しているが、犯罪は結局、人間の無知や偏見、不平等や不当な欲望など人間の偏狭な心から生まれるものなのである。

異星人の援助

ラムー船長は、もし人類が争いを捨てるならば、どんな援助でも与えるとして、次のように述べている。

「人類は将来、宇宙のあらゆる場所で富をもたらした、神の業の壮大さを理解するようになろうし、土地や生活圏のために戦う必要のないことを理解するだろう。

これらのために戦うことは、宇宙の偉大さを知らぬということである。人類は小さな池にいるカエルのようであり、この小さな池に執着して離れようとしない。一歩そとへ踏み出しさえすれば、自由になることに気が付いていない。わずかな石油の富を争って、お互いを傷つけ合うことをやめなさい。

エネルギーが必要なら、宇宙は宇宙線という手段で、あらゆる方向から人類に対して送っているのである。それはちょうど、清流を舟で下るときに喉の乾きのために、たった一つの水筒の水を争って殺し合うようなものである。人はただ川の水を手ですくって、、好きなときに飲めばいいのである。

人類が戦争をやめて理性ある存在として生活するなら、太陽や磁気であれ、宇宙エネルギーであれ、エネルギーの利用法を教えよう。

人類が平和を愛し、情深くすることを学べば、神が世界を悪くしたと信じないように、太陽系の兄弟は地球をエデンの園にする方法を教えよう。なぜなら万人が幸福であるように、というのが神の意志であるからである。

どんな人が悩んでも神は心配する。何かの悩みを生じさせれば、それは常に祝福を我々に与えている神への憤慨であり、不敬である。

人は自分自身の陥っている悲惨や苦悩に対して責任がある。人が心を変えて、情深く善であるべく決心すれば、味方する無数の同朋を得るであろう。

神が助力と喜びを与えることはもちろんである。神は息子が求めるより早く安息をあたえる。

いつでも、ほかの人々に私が言ったことを話しなさい。

どんな国でも争いを捨てるなら、私自身、わが惑星の住民の名において、物質的援助と道徳的支援を与えよう」

ラムー船長がいうように他の惑星の人類も、我々と姿かたちが全く同じ地球人類の兄弟なのである。

われわれ地球人類が争うことを止めれば、彼らは喜んで地上に降り立ってくるだろう。

しかし、世界の状況を見渡すと、それもなかなか実現しそうにないようだ。

もし、今彼ら異星人が宇宙船で大挙して地球に降り立ってきたら、米国などは真っ先にミサイルをぶっ放すだろう。そうなれば、地球は大混乱に陥るだろうし、たとえ異星人が自己防衛しなくともミサイルの誤射や人々の混乱から引き起こされる不測の事態はさけられない。これによって多くの人命が失われるかもしれず、異星人としても迂闊には手を出せない状況だろう。

19世紀から20世紀にかけての欧米諸国のように、近代国家ではない国を植民地にし、教育を施して引き上げてやらねばならない等の奇麗事の上にアジアやアフリカ諸国を分け取りにして、その国の人々を犬や猫のように扱ったことは歴史の事実であるが、異星人にはそのような行為は神の法則に反するから、とても出来ないのである。

彼らが地球を征服しようと思えばそれは容易いことであるが、彼らのようにハイレベルな精神を持つ地球外人類とすれば、同じ人類に対してラムー船長が言うように命令出来ないのである。

戦後、日本はアメリカ合衆国から民主主義と自由主義を植え付けられた。しかしその後、民主や自由の権利だけを主張してこれらの権利を支えている責任や義務が忘れ去られている。その結果、国や地方自治体も無責任体質となって、ほとんど使わない立派な橋や道路、地方の町には不似合いな巨額な資金を使った公会堂、他にも必要もないようなダム建設などキリがない多くの公共建設のために自然破壊を平気で行っている。

国民も権利ばかり主張して責任や義務を子供達に教えていなかったので、今の若者達は勝手気ままに行動し、人の迷惑も何も感じない。

船長が言うように我々人類は自由意志を持っているのである。しかしその自由意志によって生まれた結果も、甘んじて受け入れなければならないのである。

我々は自分自身の意志の決定による結果を常に考えて行動しなければならない。

いま我々ひとりひとりが自覚を持って、自分自身の利益のみを追求せず、人に優しく、お互いに慈しみ、自然に優しく、自然をいとおしんで親しみ、貧しい人のため、逆境にある人のため、社会のため、我々を生かしてくれている地球のために行動すれば、だんだんと少しずつ人間の考え方も変わってくるだろう。

そうでなければ我々人類の未来はない筈である。この選択は自由意志を持つ我々一人一人にかかっているのである。

我々が広い心を持って争うことを止め、平和に共存して生きて行くと決意すれば、ラムー船長らの地球外人類の同朋が姿を現すだろう。

正しき人々

「地球人は、幾多の過ちを犯してきたので、地球は悪の中心と見なされている。しかし、住民は未開であり、知的生活の始まりの段階にあるが、教師として住みついた少数のエリートのみは例外であろう。

自分自身を高度に律することの出来ない人々は、地球から追放され、土星の衛星の住人のように、他の住人の所有となろう。

冥王星に関しては、十分に正義が行われるだろう。悪はいつまでもつづくわけではない。法に背くことは、自然の現象ではない。なぜなら、いろいろな世界の人々の進化に基本的に必要であるならば、それ自体が法となるからである。

冥王星の住民は、神の法則をよく理解しているけれど無視している。彼らは、性の快楽に捕われていて、その結果、邪神崇拝、男色、不貞および他人の貞操の軽視をし、悪の支配を受けている。

このような理由で、冥王星は太陽系から放逐され、最寄りの星系へとさまよって行くだろう。住民は、云うに云われぬ恐怖に悩まされるだろうが、逃れることはできない。

小石の落下から始まった、雪崩れの如く、ついには完全に地盤が崩れる。素晴らしい市街、急速輸送機関、輝かしい照明と通信手段など、実際、数千年にわたり人間が営々として到達したあなたがたが想像もできない全てのものが帳消しとなり、空中庭園のあった、あのバビロンのように消えてなくなる。

彼らは、酷い条件の穴居生活にまで落ちる。そして、我々の太陽系は正常にもどり、私たちは大いなる一家族となり、全ては愛の旗の下に栄えるだろう」

ラムー船長が言う〝創造者とともに平和に生きる人々〟が救われるのは良くわかるが〝正しき人〟や〝良心を有する人〟達も見捨てられないと述べている。

しかし、ポルノや性倒錯、未成年者の売春や買春、不倫や強姦、強盗や殺人、収賄や汚職、等々がはびこる現在の社会を見渡せば、いったい何人の人が救われる側の中に入れるのだろうか。

冥王星の方が戦争や犯罪がないだけでもまだましだというのに、それでもラムー船長は冥王星の文明は破壊されて太陽系を離れて行かなければならないという。

我々は心してこのことを受け止めなければ、新しい世界には生きて行けないのである。

多くの人々は一時の我欲や快楽に身をまかせて、ただ海の中を漂っている脳のないクラゲのようにも思える。

自分自身を高度に律することが出来ない我々は、船長がいうように他の惑星の住人の所有物に成り下がってしまうのだろうか。

ちょうど我々が犬やその他の家畜を飼っているときに、ご主人の言うことを聞かない犬が叩かれたり食事を抜かれたりするような存在に陥ってしまうだろうか。それとも、グレイと呼ばれるような異星人の意のままに操られるロボットのような存在になってしまうのか。

中には、そんな規律の厳しい世の中だったら死んだ方がましだと思う人々もいるかもしれない。世の中には単純な理由で自分自身を抹消してしまう若者も多くなっているし、なんでもイージーに、イージーゴー、イージーカムという具合に簡単、単純、好き勝手に行動し、暴発して信じられないような理由で人を傷つけたり、場合によっては殺人にまで発展するものもある。

しかし、こんなことをいつまでも続けていていいのだろうか。このような人々の魂は今までのように、もう二度と生まれ出ることが出来ず消滅してしまうとケイシーは次のように語っている。

「カルマは自分自身か主のいずれかによって償われるもので、もし私達が罪を犯すか心に恐怖を抱くならば、魂は死んでしまう。もし魂が罪を犯し続けるならば、魂は死に従属したものとなってしまい、一瞬のあるいは一時代的な死というものではなくなってしまう」

だが、それでも構わないと思うのであれば、これはもうお手上げである。しかし、それもまた致し方ないことなのだろうか。

しかし、ラムー船長の言うように後戻りは出来ないのである。人は常に精神的に向上して行かなければならないのである。もし、人が向上心をなくせば、次の世界に生き残れなかったあのネアンデルタール人のように地球上から消え去る運命しか残されていない。

我々は人類の精神性が大きく進化しなければならない転換期に、いま生きているのである。それをケイシーは次のように述べている。

「我々はいまや、新しい天の配剤の転換の時期のただ中にいる。時々刻々と古いサイクルは終局に近づいていて、正しい者だけが地球を相続することになる」

この言葉を我々は肝に命じて忘れてはならない。人を妬まず人を恨まず、人に優しく、隣人を愛し、自分のみ思わず人のため、社会のため、自然を破壊せず自然を愛し育んでいったらどんなにか良い社会が出来るだろうか。

終わりにラムー船長の最後の言葉を皆さんへの挨拶に変えさせて頂こう。

ラムー船長の最後の言葉

「天球から天球へ、世界から世界へと、宇宙の果てまで生命はのびていることと、死を越えて希望と慰めがあることを、あなたの友に必ず話しなさい。魂のあるところには、神が魂の車を必ず用意しているであろうことを話しなさい」

あとがき

私がラムー船長の話を知ったのはもう随分と前のことだが、最初の頃は何を言っているのだか、ちんぷんかんぷんで読み流すだけであった。

しかし、何十回も読んでいると不思議と少しずつではあるが意味が何となくわかるようになってきたのである。神様はよくしたもので私のような凡人でも繰り返し何回となく読んでいれば、その意味もわからせてくれるのである。このあいだに様々な著書を読み漁って自分の知識を増やしていったが、知識が増えれば増える程、これまた疑問も増え続けていって消化不良の状態がしばらく続いていた。だが、これも段々と霧が晴れて行くように自分の考えが次第にまとまってきたのである。

アインシュタインの相対性理論や量子論のわかりやすい専門書を読んでも、これらの本の監修者自身が非常識で摩訶不思議だとしている理論が、我々にわかるはずはないのである。私はこれらの人々も実際はアインシュタインの相対性理論や量子論の言っていることがわかっていないのだ、と気が付いた。もちろん、〝人が観察しなければ物は存在しない〟とか〝自分自身が別の世界に何千何万人もいる〟や〝光速度に近づくと物体は縮んで質量が大きくなる〟などは、誰にだって想像もつかないし、わかろうはずはないのである。

結局、アインシュタイン本人も量子論を唱えた人々も、またそれに続く人々も自分自身の理論と呼ばれるものを理解できていなかったのである。それとも誤った理論の上に出来上がった不思議な空想の世界を、ただ自分自身の理論を正当化するために信じ込んでしまったのだろうか。

アインシュタインの相対性理論なども、この理論からは宇宙は縮小するか膨張するかの二つしか導き出せないことは現在では定説になっているが、アインシュタインがこれを拒否していることをみても自分自身の理論がわかっていなかったことがわかる。

アインシュタインは自身の理論から導かれた宇宙が〝縮小するはずだ〟と他の学者から指摘されると、自分が作った方程式にさっさと関数を付け加えてしまった。このために今度は宇宙が膨張することになり、この解釈を引き継いだ人達がビッグバン理論を作ったというわけである。

ましてや、量子論のコペンハーゲン解釈や、それに輪を掛けたような多世界解釈(自分が別の世界に何人もいる)などの理論は、わかるわからないの問題ではなく空想の世界である。この多世界解釈を考え出したヒュー・エバレットという米国人は、たぶん精神分裂病の一種である多重人格者だったに違いない。

エドガー・ケイシーがいみじくも言った〝波動が生命あるものの表現である〟は、波動によって生命が成り立っていることを如実に表しているし、ラムー船長も暗に物質とエネルギーの起源は波動であることを示唆している。

物質も我々も魂もすべては神と呼ばれる、宇宙霊ともいうべき波動からできているのだ。

ケイシーはニューヨークでは悪い波動が続いていて、この波動が将来この街を破壊することになるといっている。

もちろん、ニューヨークばかりではなく東京などにも悪い波動が増えているのだろう。青少年が徒党を組んで老人や女性、サラリーマン等をわずかな金のために襲って暴行を加えたり、若年層による凶悪犯罪も増えている。世田谷の一家四人惨殺事件も記憶に新しいし、未成年のカップルによるタクシー強盗殺人事件も、はじめから殺意を持って僅かな金のために計画的に行われたことがわかってきて、世間は驚愕したものである。

最近では毎日のように殺人事件のニュースが聞かれ、ここは東京ではなくニューヨークではないかと錯覚してしまうほどである。

我々の住むこの地球には、以前にも増して悪い波動が満ち溢れて来ていて、もう限界に来ているのかもしれない。

しかし、この悪い波動を我々一人一人が変えて行かなければ、災害の度合いも大きなものとなってしまうだろう。

第二の太陽の到来が必然であるとすれば、我々自身が正しい波動を作り、周囲の人々に良い影響を及ぼして行かなければ道は開けないと思う。

私は神の存在を認めているが、かといって日々礼拝しているわけでも、特定の宗教団体に所属しているわけでもない。ただ人の道に外れることのないようには努めているが、自分自身の短気な性格はなかなか直らない。私は宗教団体が良くないとはいわないが、中には宗教に名を借りた金儲けだけを考えている悪質な集団もあることだから、気を付けた方がいいと思う。

ケイシーは、神はどこにいるものでもなく自分自身の中にあるものだと言っている。神に通じるチャンネルは自分自身の潜在意識の内にある。自分自身を磨いて真摯な態度で自分と向き合えば、そこに正しい神の声を聞くことができるだろう。

ラムー船長が言うように、キリスト教徒やユダヤ教徒だけが救われるわけではないのだ。キリスト教徒であっても平気で黒人や黄色人種を差別して何の矛盾も感じないものがアメリカ人の中にはいる。ユダヤ教徒であっても相手がパレスチナ人であれば平気で人殺しをするものもいる。このような人々が救われる道理はないのである。

ラムー船長が言うように、また、イエス・キリストが言ったように、心の正しき人、善なる人、良心がある人、創造者とともに平和に生きる人々が次の世界を担う人達なのである。

我々は近い将来にどんなことが起ころうと、希望を捨てずに正しき人に近づけるよう生きて行こうではないか。我々の子供たちの未来を絶やさないためにも……。

参考文献

The Prophecies of Nostradamus (edited and translated by Erika Cheetham)

The *LIFE & DEATH of PLANET EARTH* (by Tom Valentine)

THE 12th PLANET (by ZECHARIA SITCHIN)

THE PROPHECIES OF NOSTRADAMUS:INCLUDING "PREFACE TO MY SON"
(published by Avenel Books, distributed by Crown Publishers,Inc.)

The *End of Time* (by JULIAN BARBOUR)

THE BIRTH OF TIME (by JOHN GRIBBIN)

A BRIEF HISTORY OF TIME (by STEPHEN HAWKING)

The Report from DINO CRASPEDON

『あなたの学んだ太陽系情報は間違っている！ＮＡＳＡ裏読み！これが太陽系の真情報だ』　水島保男 著　たま出版

『超人ケイシーの秘密』（上下巻）　ジェス・スターン著　棚橋美元 訳　たま出版

『エドガー・ケイシーの予言、アトランティスの教訓』 マリー・エレン・カーター著 浜野永三監修 自然法研究会 訳 たま出版
『転生の教訓』 メアリー・アン・ウッドワード著 加藤整弘 訳 たま出版
『キリストの秘密』 R・H・ドラモンド著 たま出版
『大霊視者 エドガー・ケイシー』 W・H・チャーチ著 五十嵐康彦 訳 大陸書房
『エドガー・ケイシーの超意識への挑戦』 ヒュー・リン・ケイシー著 林陽 訳 大陸書房
『エドガー・ケイシーの大アトランティス大陸』 エドガー・エバンズ・ケイシー著 林陽 訳 大陸書房
『エドガー・ケイシー大宇宙の神秘』 ジュリエット・ブルック・バラード著 林陽 訳 中央アート出版社
『エドガーケイシー最後の警告、人類の運命を読む1998』 L・W・ロビンソン著 今村光一訳 中央アート出版社
『私の前世の秘密を知った』 N・ラングレイ著 H・L・ケイシー編 今村光一訳 中央アート出版社
『エドガー・ケイシーのエジプト超古代への挑戦』 マーク・レーナー著 林陽 訳 中央アート出版社

『1998年地球大異変』　レイモンド・ウィレット著　林陽 訳　中央アート出版社
『エドガー・ケイシー1998最終シナリオ』　カーク・ネルソン著　光田秀 訳　たま出版
『1998年エドガー・ケイシー世界大破局への秒読み』　林陽 著　曙出版
『イエス・キリストの大予言』　コンノケンイチ 著　KKベストセラーズ
『ビッグバン理論は間違っていた』　コンノケンイチ 著　徳間書店
『UFO衝撃の未来図UFOはこうして飛んでいる!』　コンノケンイチ 著　徳間書店
『NASA極秘写真が明かす月のUFOとファティマ第三の秘密』　コンノケンイチ 著　徳間書店
『NASA極秘フィルムが証明する月はUFOの発進基地だった!』　コンノケンイチ 著　徳間書店
『「超真相」宇宙人!地球人はあまりにも遅れている!』　深野一幸 著　徳間書店
『宇宙エネルギーが導く文明の超転換　地球大破局は避けられる』　深野一幸 著　徳間書店
『池田邦吉「ノストラダムス霊」完全解読ノストラダムス恐怖の開示録』　深野一幸 著　徳間書店
『199X年地球大破局』　深野一幸 著　KOSAIDO　BOOKS
『一九九九年運命の日人類滅亡の予兆!』　チャールズ・バーリッツ著　南山宏 訳　二見書房

『神々の帰還』　エーリッヒ・フォン・デニケン著　南山宏 訳　廣済堂出版

『やはりキリストは宇宙人だった』　レイモンド・ドレイク著　北村十四彦 訳　大陸書房

『人類創成の謎と宇宙の暗号』上・下　ザカリア・シッチン著　北周一郎 編訳　学研

『謎の惑星ニビルと火星超文明』上・下　ザカリア・シッチン著　北周一郎 編訳　学研

『ネフィリムとアヌンナキ人類を創成した宇宙人』　ザカリア・シッチン著　竹内彗 訳　徳間書店

『新アダムスキー全集1〜10』　ジョージ・アダムスキー著　久保田八郎 訳および著

『相対性理論を楽しむ本・よくわかるアインシュタインの不思議な世界』　佐藤勝彦 監修　PHP文庫

『「量子論」を楽しむ本』　佐藤勝彦 監修　PHP文庫

『面白いほどよくわかる相対性理論』―時空の歪みからブラックホールまで科学常識を覆した大理論の全貌　大宮信光 著　日本文芸社

『図解雑学　時空図で理解する相対性理論』　和田純夫 著　ナツメ社

『図解雑学　量子力学』　佐藤健二 監修　ナツメ社

『図解雑学　量子論』　佐藤勝彦 監修　ナツメ社

『秦始皇帝とユダヤ人・望郷の書』　鹿島昇 著　新国民社

『女王卑弥呼とユダヤ人・墓標の書』鹿島昇 著　新国民社
『日本ユダヤ王朝の謎・天皇家の真相』鹿島昇 著　新国民社
『ユダヤ人と日本人の秘密』水上涼 著　日本文芸社
『大和民族はユダヤ人だった』ヨセフ・アイデルバーグ　中川一夫訳　たま出版
『謎の新選姓氏録』高橋良典 著　徳間書店
『神々の指紋』上下　グラハム・ハンコック著　大地舜 訳　翔泳社
『創成の守護神』上下　グラハム・ハンコック、ロバート・ボーバル共著　大地舜 訳　翔泳社

著者プロフィール
久保田 寛斎（くぼた かんさい）

1951年、東京都中野区生まれ。

1973年、日本大学商学部経営学科卒業。

1973～1981年、英国、米国へ留学。

1981年、ニューヨーク市のロング・アイランド大学大学院にてMBA（経営学修士号）取得。

帰国後、いくつかの職業を経て1996年、不動産管理を業務とする(株) クボタ商事を設立。

ライフワークとして、霊に関することや宇宙の真理を探求し、エドガー・ケイシーやノストラダムスの研究をして今日に至る。

東京都杉並区在住。

FAX03-5932-4602

ラムー船長から人類への警告

2001年 10月15日　初版第1刷発行

著　者　久保田 寛斎
発行者　韮澤 潤一郎
発行所　株式会社 たま出版
〒160-0022　東京都新宿区新宿1-10-1
電話 03-5369-3051（代表）
03-3814-2491（営業）

印刷所　東洋経済印刷株式会社

ISBN4-8127-0142-2 C0011